服装裁剪疑难解答150例

蒋 锡 根 著

U0188191

上海科学技术出版社

阅读完此书

　　你将不再为那些令你疑惑不解、举手难定的服装

裁剪问题感到苦恼了

图书在版编目（ＣＩＰ）数据

服装裁剪疑难解答 150 例/蒋锡根著. —上海：上海科学技术出版社，2008.1（2024.7 重印）
ISBN 978 - 7 - 5323 - 2420 - 0

Ⅰ. 服… Ⅱ. 蒋… Ⅲ. 服装量裁 - 问答 Ⅳ. TS941.631 - 44

中国版本图书馆 CIP 数据核字（2007）第 197467 号

服装裁剪疑难解答 150 例

蒋锡根　著

上海世纪出版（集团）有限公司
上海 科 学 技 术 出 版 社　出版、发行
（上海市闵行区号景路 159 弄 A 座 9F - 10F）
邮政编码 201101　　　www.sstp.cn
常熟市兴达印刷有限公司印刷
开本 787×1092　1/16　印张 12.5
字数 284 千字
2024 年 7 月第 1 版第 27 次印刷
ISBN 978 - 7 - 5323 - 2420 - 0/TS·194
定价：25.00 元

序

我与作者是在 1981 年上海服装研究所举办连续性服装设计技术讲座时认识的，他是我接触的人中，立志要用数学原理剖析服装制图理论的积极探索者。为实现这一志向，他攻读高等数学，结合自己大量的服装设计、裁剪、缝制和教学实践经验，在服装的结构设计、造型设计、工艺设计、特殊体型裁剪和服装裁剪病例分析等方面进行了深入地研究和探索，并取得了一定的成果。《服装裁剪疑难解答 150 例》就是这些研究成果的一个缩影。

作者针对不少人在服装制图时经常遇到的一系列疑惑不解、举手难定、似是而非的问题，以问答的形式，用定量总结和定量分析的方法，从理论上阐明了各主要线条形状的意义、相邻线条间的关系、线形变化的规律等。还指出，违反了划线法则会产生什么样的弊病，以及如何纠正的方法，这些内容在技术上达到了一定的深度，具有指导作用。

本书文字通俗易懂，图文紧密配合，读者极易理解。从内容和形式看，本书是一本极为新颖的服装技术书籍，它不仅解答了广大服装裁剪爱好者所关心的疑难问题，而且还提出了服装教学人员平时关心和研究的一些理论问题。所以，本书既可供服装裁剪爱好者学习之用，也可供服装教学人员作教材之用。

从 50 年代以来，服装裁剪书层出不穷，它们大多讲的是制图方法，即怎样计算数值裁剪成某一件衣服。这对普及服装裁剪起了很大的作用，但对每根线条的意义、变化、与邻近线条的关系很少涉及，甚至没有。这就使求学者知其然而不知其所以然，以致常常此正彼误，却不知症结何在。这种现状既不能满足社会对裁剪技术越来越高的要求，也不符合服装教学日臻完善的需求。而本书不仅弥补了这些理论上的不足，还提出了一些新的见解。例如，在驳领制图方面，作者提出了"驳领切点"的概念，解决了各种驳领制图中的一个理论性问题；又如袖里弯线的确定，装袖、肩斜度分析，领圈几何作图法，袖斜线倾角分析，以及套肩袖的角度变化等等都填补了服装裁剪理论上的空白，这些都是本书的贡献和新意所在，对指导实践和丰富教学理论具有较大意义。

然而，本书的一些结论和见解，并非完美无缺，它只是对常用生活服装的一些裁剪疑难问题作了解答，对于千变万化的时装恐难顾及，因此，某些结论所带有的特定性和局限性是在所难免的。这有待于作者继续研究、订正、补充、深化以及各位读者的批评和指正，以便逐步修改完善。

王金林　1990 年 7 月

本书裁剪制图常用的线条和符号

符号名称	符号形式	图线宽度	符号用途
粗实线		0.9	表示图形的周界线
细实线		0.3	表示图形中的各部辅助线和引伸线
虚线		0.6	表示被重叠的下层图形周界线或变化前的原图形周界线
点划线		0.6	表示双层对称折叠的折转线
双点划线		0.3	表示双层非对称折叠的折转线
等分符号		0.3	表示某线段被分若干等分
注寸符号	x　x　x　x	0.3	表示某两点的直线距离，其中 x 表示确定该距离时所给出的具体数值或计算公式
省道符号		0.6和0.3	表示某部分需缝去
裥位符号		0.6和0.3	表示某部分需折叠
皱裥符号		0.3	表示某部位需收缩
垂直符号		0.3	表示某两条直线互相垂直成90°
圆顺符号		0.3	表示某两条周界线经装配后能圆顺地相连
平行符号		0.3	表示某两条直线或弧线互相平行不相交
等长符号		0.3	表示某两条线段的长度相等
连接符号		0.3	表示某两个部分连在一起
装配符号	≫1　≫2　≫3 -----	0.3	表示某两条线相装配，自然数表示装配程序
定位符号	◁1　◁2　◁3　-----	0.3	表示某两点重合的定位标记
归拔符号		0.3	表示某部位通过缝纫或热熨斗作用后收缩归拢
拔伸符号		0.3	表示某部位通过缝纫或热熨斗作用后伸展拔长
经向符号		0.6	表示某衣片取经向
倒顺符号		0.6	表示各衣片都取自同一方向
胸围符号	B	0.6	表示成品胸围的代号
腰围符号	W	0.6	表示成品腰围的代号
臂围符号	H	0.6	表示成品臀围的代号
领围符号	N	0.6	表示成品领围的代号
袖笼总长符号	$A.H$	0.6	表示经实际测量后所得的袖笼总长度代号
胸高点符号	$B.P$	0.6	表示乳峰点所在位置的代号

服装各部位线条名称示意图

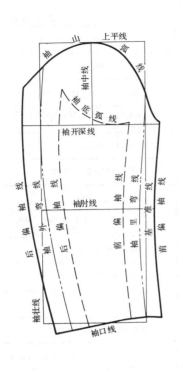

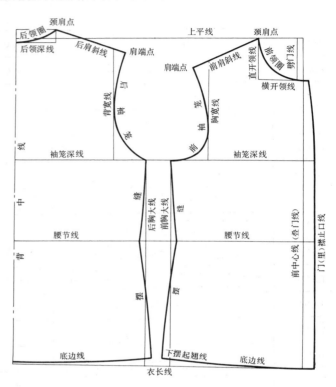

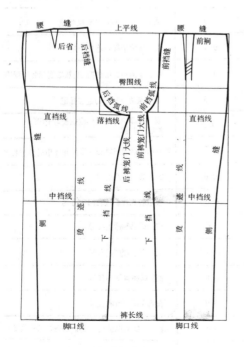

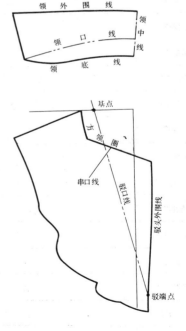

说明：本书为便于读者阅读，所有的图号全按问题的顺序号编排。

目录

一、领和领圈

1. 装脚领的翻领与领脚之间为何要有领口起翘差？

顾名思义，装脚领（又称立翻领）是指翻领与领脚经工艺装配后相接的一类领型。中山装领、男衬衫领、雨衣领等都属于装脚领。

翻领与领脚处在与人体颈部同一上、下方向时，翻领的领口起翘与领脚的领口起翘之差简称为领口起翘差，如图1-1所示。从广义上来说，领口起翘点并不一定都落在上平线之上，它可以落在上平线中，也可以落在上平线之下，只要翻领的领口起翘点高于（颈部方向）领脚的领口起翘点便可。这种情况，我们也称它为领口起翘差，如图1-2所示。

现以中山装领为例，简要说明领口起翘差的存在意义。

假设1，翻领的领口起翘等于领脚的领口起翘，且翻领高与领脚高相等。

如果将工艺装配后的翻领与领脚随衣身穿在人体上对其进行观察，可以看到，翻领与领脚之间是紧紧相贴的，领脚的四周明显起皱。领脚的起皱是由于翻领在外圈，领脚在里圈，没有相应的里外匀所引起。要想消除这种领脚起皱的弊病，必须略微增大翻领的领口起翘，如图1-3所示。设增大的翻领领口起翘为 a，a 的大小应掌握在能使领脚四周的起皱恰巧消失的程度。

假设2，领口起翘差等于 a，且翻领高与领脚高之差（以下简称翻领差）为0.7厘米。

如果再一次将工艺装配后的翻领与领脚随衣身穿在人体上对其进行观察，可以看到，翻领与领脚之间不再紧紧相贴，而是存在一个很小的夹角 β，如图1-4所示，领脚四周的起皱也消失了，但衣身上的领圈周围却出现了起皱。领圈周围的起皱是由于翻领差的存在，使领外围线被衣身挡住所引起。同样，要消除这种起皱的弊病，必须增大翻领与领脚之间的夹角，反映在平面结构中，就相当于再增大了翻领的领口起翘 b，如图1-5所示。b 的大小应掌握在能使领圈周围起皱恰巧消失的程度。

综合以上的分析，我们可以知道，为了消除领脚与领圈四周的起皱，翻领的领口起翘应增大 $(a+b)$，此增大量实际上就是中山装领的领口起翘差，大小约为1.5厘米左右（面料厚的稍大，面料薄的稍小）。

由此我们可推出更一般的结论：装脚领的翻领与领脚之间存在领口起翘差，主要是为了解决翻领与领脚的里外匀问题以及翻领与领脚之间的夹角问题。领口起翘差的大小取决于面料的厚薄和翻领差的大小这两个因素。

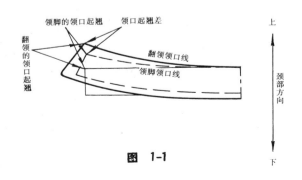

图 1-1

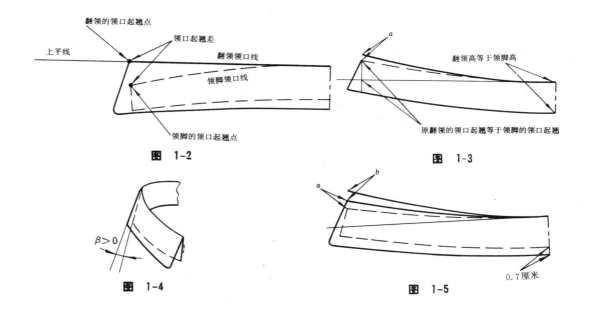

图 1-2

图 1-3

图 1-4

图 1-5

0.7厘米

2. 在领脚高固定的条件下,为什么连脚领的翻领差越大,其领底线的凹势也越大？如果领脚高可任意变化,那么该结论是否还成立？

连脚领是指翻领与领脚在工艺装配之前就连在一起的一类领型。西装领、两用衫领、铜盆领等都属于连脚领。

连脚领的翻领高应大于领脚高,以便将领脚盖没,它们的高度之差简称为翻领差。下面将着重讨论翻领差与领底线凹势的关系。

首先设翻领高为 h,领脚高为 h_0,翻领差为 $h - h_0 = \Delta h$

假设 1,翻领差 $\Delta h = 0$,领底线凹势为零,领口端点落在领底线中。

那么,一定存在某一个领脚的高度 $h_0 = a$,如图 2-1 所示,使得领头翻驳后,后领圈部分的领外围线(以下简称后领外围线)恰巧不松不紧地贴合在后领圈上。

假设 2,领脚高 $h_0 = a$,翻领差 $\Delta h > 0$,领底线凹势为零,领口端点落在领底线中,如图 2-2(甲)所示。

那么,当领头翻驳后,后领外围线将落在衣身中的 $\overset{\frown}{AB}$ 的位置上,如图 2-2(乙)所示。由于 $\overset{\frown}{AB}$ 的长度要大于后领圈,且 $\Delta h = 0$ 时的后领外圈线恰巧不松不紧地贴合在后领圈上,因此,假设 2 中的领子将会使后领外围线长度短于 $\overset{\frown}{AB}$ 的长度,从而,迫使成型后的领圈下部的衣身起竖直状皱纹。要想使 $\Delta h > 0$ 时的后领外围线长度等于 $\overset{\frown}{AB}$ 的长,必须把图 2-3 中的领头进行弯曲,弯曲到能使后领外围线不松不紧地贴合在 $\overset{\frown}{AB}$ 上为止,于是就产生了领底线凹势,如图 2-3 所示。领头的弯曲程度由翻领差 Δh 的大小决定,翻领差 Δh 越大,则领头弯曲程度也越大,从而领底线凹势就越大。由于在假设 1、2 中,领脚高 h_0 始终固定为 a,所以,在领脚高固定条件下,翻领差越大,则领底线凹势也越大。但在领脚高任意变化的情况下,此结论不一定成立。这可以从下面的反例中得到说明。如图 2-4(甲)中的翻领差要远大于图 2-4(乙)中的翻领差,但图 2-4(甲)中的领底线凹势要远小于图 2-4(乙)中的领底线凹势。

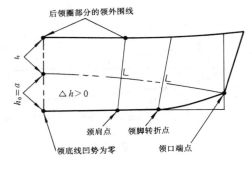

后领圈部分的领外围线

h

$h_0 = a$

$\Delta h > 0$

L　L

领底线凹势为零

颈肩点　领脚转折点

领口端点

图 2-1

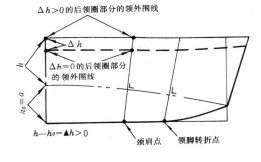

$\Delta h > 0$ 的后领圈部分的领外围线

h

$n_0 = a$

Δh

$\Delta h = 0$ 的后领圈部分的领外围线

L　L

$h - h_0 = \blacktriangle h > 0$

颈肩点　领脚转折点

图 2-2(甲)

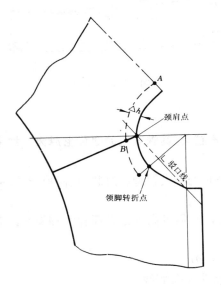

A

Δh

颈肩点

B

驳口线

领脚转折点

图 2-2(乙)

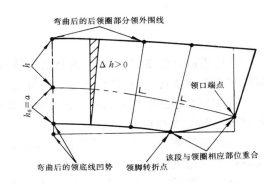

弯曲后的后领圈部分领外围线

h

$h_0 = a$

$\Delta h > 0$

L　L

领口端点

弯曲后的领底线凹势

领脚转折点

该段与领圈相应部位重合

图 2-3

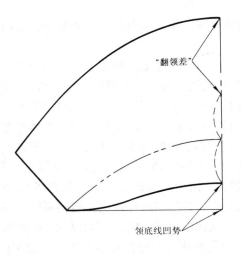

"翻领差"

领底线凹势

图 2-4(甲)

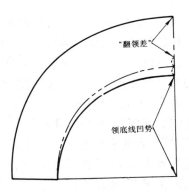

"翻领差"

领底线凹势

图 2-4(乙)

3. 为什么装脚领的领底线呈外弧形,而连脚领的领底线呈内弧形?

在回答这个问题之前,先让我们了解一下人体颈部的表面形状。

人体的颈部位于两肩中央的位置上,近似地呈下粗上细的圆台体状。整个颈部向前倾斜(约30°左右)。颈部与身体的交界不分明,由圆弧状过渡。如果把人体颈部的表面放在平面上展开,则可得到扇面状的展开图形,如图3-1所示。

由此可见,除了特殊造型的领头之外,要使领脚与人体颈部形状保持一致,领脚的平面图形必须也呈扇面状,至少领底线呈外弧形。

由于装脚领的领脚是脱离于翻领独立取料的,因此,它可以在不考虑翻领因素的条件下,自由地按照人体颈部的形状来制图,从而得到的领脚形状大多是呈扇面形的,即领底线呈外弧形。而连脚领的领脚部分形状却不太合理。因为这种领头的领脚不能自由地按照人体颈部形状制图,它还要受到翻领因素的限制。我们不妨可作如下分析。

无论是装脚领,还是连脚领,它们的翻领形状一般都是呈扇面状的,至少翻领领口线呈内弧状。它的内弧线凹势与翻领差的大小有关。

理论和经验都证明,既要保证翻领领口线具有足够的内弧凹势,又要保证领底线呈外弧形,同时满足这两个条件的连脚领,是无法在平面上(衣片都是平面的)取得的,如图3-2所示。

从图3-2中可以看到,在领脚高、翻领差确定的情况下,当领底线由外弧形转向内弧形时,翻领领口线的内弧凹势也相应地由小变到大。

因此,在通常情况下,要使连脚领的翻领领口线具有足够的内弧凹势,领底线的形状只能是内弧形的。通过工艺上的归拔,使领底线呈外弧形,其目的就是为了解决裁剪中不能解决的问题,如图3-3所示。

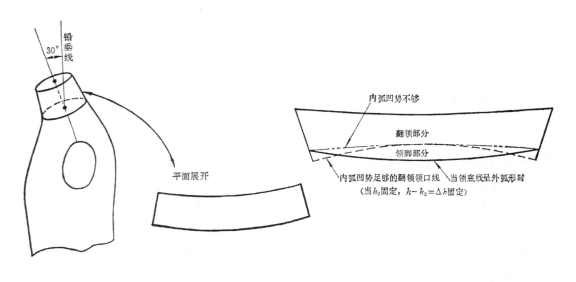

图 3-1   图 3-2

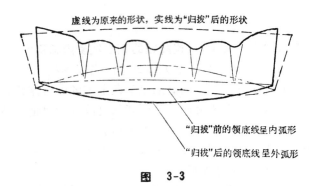

虚线为原来的形状，实线为"归拔"后的形状

"归拔"前的领底线呈内弧形

"归拔"后的领底线呈外弧形

图　3-3

4. 在总领高固定的条件下,为什么连脚领的领底线凹势越大(或越小),其领脚的竖登量越低(或越高)?反之,此结论是否成立?

领脚的竖登量是指领脚后面中部的高度。

人们在绘制披肩领时,常会以前、后身相联后的领圈作为依据来确定其领底线的凹势。若使披肩领略微登起(一般在0.5～1厘米之间),则披肩领的领底线凹势应比领圈的凹势偏小一点,如图4-1所示,登得越高,则领底线凹势比领圈的凹势偏小得越多,当登到一定高度时就明显地变成了连脚领。从这个意义上来说,披肩领只是连脚领在领脚很低情况下的一个特例。当然,以上仅仅是经验上的认识,下面,就从它的几何意义上来加以分析。

如图4-2(甲、乙、丙)所示的是三个顶面和底面分别相同,但高度不等的圆柱、圆台组合体。其中,实线部分为圆台,虚线部分为圆柱。先来观察一下它们的平面展开情况。

首先,将三个圆台的侧面在平面上展开,则可得如图4-3(甲、乙、丙)所示的三个具有不同弯度的扇形。也许有人认为,这扇形弯度的大小与圆台的高度有关,圆台高度大, 则扇形弯度小;圆台高度小,则扇形弯度大。其实这个结论只是在圆台的底面和顶面半径相同的条件下才成立。严格地来说,扇形弯度的大小是与圆台侧面高与圆台高的比值 $\frac{H}{H_0}$ (设圆台侧面高为 H,圆台高为 H_0)大小有关。扇形弯度越大,对应的比值越大;反之,对应的比值就越小。当 $H_0 = 0$ 时,扇形变成了圆环形,如图4-4所示,这是扇形弯度达到最大状态时的情形;当 $H = H_0$ 时,扇面形变成了矩形,如图4-5所示,这是扇形弯度达到最小状态时的情形。

如果以不改变圆台侧面的平面展开图形为前提,将圆柱侧面的平面展开图形与圆台侧面的平面展开图形连在一起,那么得到的仍旧是扇形, 其弯度也仍旧是原来的扇形弯度,如图4-6所示。

与此相对应,圆台的侧面相当于连脚领的翻领,圆柱的侧面相当于连脚领的领脚,扇形弯度相当于连脚领的领底线凹势,圆台的底面相当于衣身。因此, 连领脚的领底线凹势越大,则其对应的翻领高 h 与领脚高 h_0 的比值 $\frac{h}{h_0}$ 也越大;反之,则对应的比值 $\frac{h}{h_0}$ 越小,如图4-7所示。

由于总领高是确定的,所以,领脚高的减少(或增加)是以翻领高的增加(或减小)为前提的，它们变化后的比值可用 $\dfrac{h+x}{h_0-x}\left(\dfrac{h-x}{h_0+x}\right)$ 来表示。其中 x 表示领脚高减少（或增加）量和

翻领高增加（或减少）的量。当 x 增大时，比值 $\dfrac{h+x}{h_0-x}$ 也就增大，从而连脚领的领底线凹势

也越大，但 (h_0-x) 却变得越小，它表示的就是在变化过程中的领脚高度。因此，在总领高确定的情况下，领底线凹势越大（或越小），则领脚的竖登量越低（或越高）。用同样的方法可以说明，在总领高确定的情况下，领脚的竖登量越低（或越高），则领底线的凹势越大（或越小）。

如果将 $h-h_0=\varDelta h$ 作为翻领差，那么，可以根据比值 $\dfrac{h_0+\varDelta h}{h_0}$ 推得如下结论：在翻领

差确定的情况下，连脚领的领底线凹势越大（或越小），则其领脚的竖登量越低（或越高）；反之，此结论也成立。

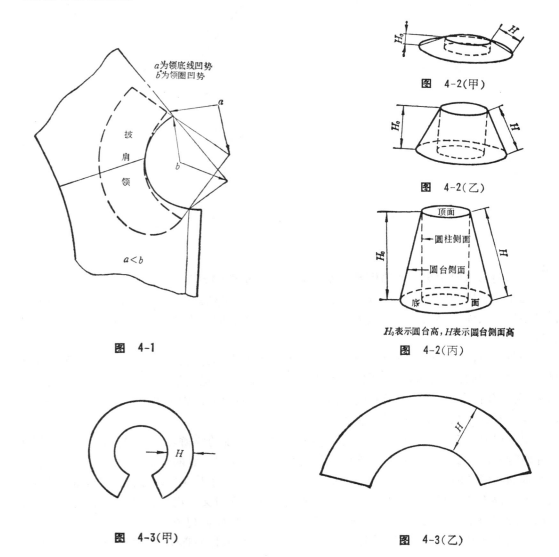

图 4-1

图 4-2(甲)

图 4-2(乙)

H_0 表示圆台高，H 表示圆台侧面高

图 4-2(丙)

图 4-3(甲)

图 4-3(乙)

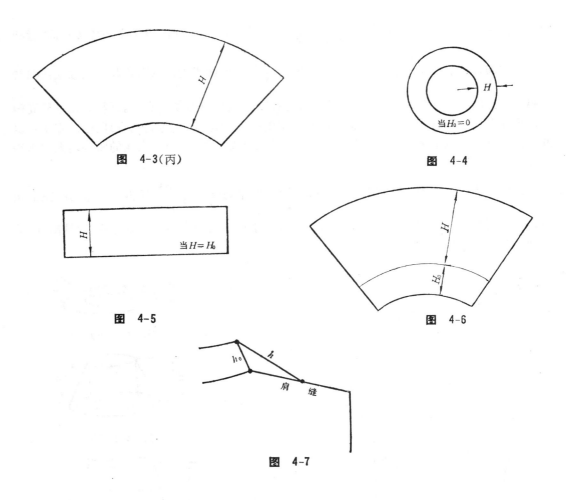

图 4-3（丙）

图 4-4

当 $H_0 = 0$

图 4-5

当 $H = H_0$

图 4-6

图 4-7

肩 缝

5. 男衬衫领的领脚弯势为何与一般装脚领的领脚弯势相反？

为了使衣服领子与人体颈部的形状保持一致，人们常将领子裁制成装脚领。装脚领能使其领口与人体颈部之间的空隙大小达到较为满意的程度，此空隙的大小与领底线的凹凸程度有关。

一般地说，若领脚的领底线呈外弧形，则其几何形态必为圆台体。领底线的外弧形越明显，则领脚的圆台体状越显著，领口与人体颈部之间的空隙也就越小。若领脚的领底线呈内弧形，则其几何形态必为倒圆台体。领底线的内弧形越明显，则领脚的倒圆台体状越显著，领口与人体颈部之间的空隙也就越大。

由上述的分析，我们自然想到了男衬衫领。按照正统的穿着习惯，男衬衫往往是与领带结伴而行的。一旦系上领带后，会使人体的颈部活动受到一定的牵制。如果此时再把领口与颈部贴得紧紧的，那岂不是"火上加油"了吗。因此，为了将领口与颈部之间的距离拉开，人们才不得不把男衬衫领头的领底线处理成内弧形，同时又考虑到造型的关系，故领底线的内弧形凹势不宜太大，太大了会使后领竖不起来，产生外倾现象。

可有些人认为，领口与颈部之间的空隙不至于小到人体颈部绝对不能活动的程度，只要领底线的外弧形不太明显,这种空隙还是存在的。所以,他们喜欢把领底线处理成直线形或略微带有一点外弧形。

可能有人要问,既然男衬衫领头的领底线可以处理成内弧形,那为什么不裁制成连脚领,却偏要裁制成装脚领呢?我们认为主要有以下两个原因。

① 由于断开的原因,所以装脚领要比连脚领更能做出里外匀(即领口窝势)。

② 由于领底线的内弧形凹势不大,一旦裁制成连脚领,那翻领领口线的内弧形凹势就不够大,这样会出现领子翻驳过紧现象,如图5-1所示。

当然,要裁制成连领脚的不是不可以,只要将领底线的内弧形凹势适当加大就能消除翻领过紧的现象。

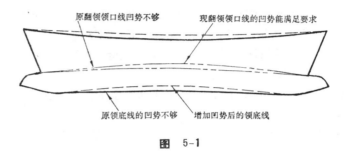

原翻领领口线凹势不够　　现翻领领口线的凹势能满足要求

原领底线的凹势不够　　增加凹势后的领底线

图 5-1

6. 为什么有些风雨衣的领头(不论开门领、关门领)总是做成装领脚的?

如图6-1所示的是风雨衣领头的平面结构图。从图中可以看到,这种领头不但是装领脚的,而且领底线的外弧形凸势很大。为什么风雨衣领头要按如此结构裁制呢?这主要是为了要解决以下两个问题。

① 风雨衣,顾名思义,是用来给人体挡风遮雨的。这就要求领口离人体颈部不能太远,最好能靠近颈部,尤其是后领口处,这样能避免或减少风雨从颈部处流入。故将领底线处理成外弧形,且凸势加大,这样就能使领脚呈明显的圆台体状,从而保证领口靠近人体的颈部。

② 风雨衣所用的面料质地往往比较坚硬、紧密,不易伸长。倘若将其裁制成连脚领,则就很难将领底线归拔成外弧形。因此,要想不通过归拔,使领底线自然呈外弧形,那只能采用装脚领才能达到目的。

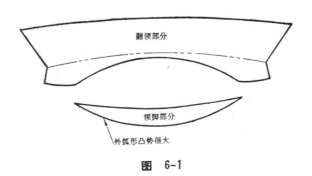

翻领部分

领脚部分

外弧形凸势很大

图 6-1

7. 为什么说装脚领（关门式）的领圈根据成品领围来推算是不合理的？

按成品测量要求，连脚领（关门式）是以领底线（或领圈）的长度作为其成品领围的，装脚领（关门式）是以领口的长度作为其成品领围的。

我们知道，装脚领的领脚往往呈扇面形，因而其领底线总是长于领口线的。设两者的长度之差为 x，领脚的弯势越大，则 x 也越大，如图 7-1 所示。由于装脚领的领圈大小是由其领口大小（即成品领围）推算出来的，因此，领圈大小必等于领口大小。这就是说，领底线将比领圈长出 x，于是出现了严重的技术性错误。

那么，能不能解决这个问题呢？当然能。只要将原来推算领圈大小的成品领围改成成品领围加上 x 即可，如图 7-2 所示。其中 x 的具体值可按如下两种方法确定。

① 先绘划好领子，然后再测量其领底线的实际长度，测量得到的领底线长度与成品领围长度之差即为 x 的具体值。

② 对于常见的装脚领，其 x 的具体值往往是稳定的。象中山装领的 x 为 3 厘米左右，男衬衫领的 x 为 2 厘米左右。对于其它的装脚领，其 x 的具体值可用估计法近似确定。如以中山装的领脚弯势为参照标准，某些装脚领的领脚弯势略大于中山装领的，则该装脚领的 x 值可偏大于 3 厘米；反之，可偏小于 3 厘米。

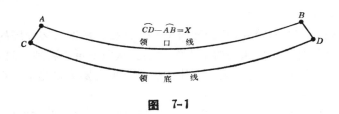

图 7-1

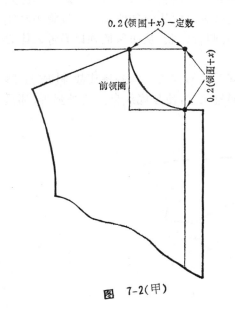

图 7-2(甲)

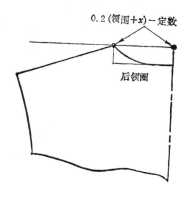

图 7-2(乙)

8. 驳领松斜度与哪些因素有关？

凡有驳口线(有的称拔口线)的一类领子都称为驳领，有很多人称它为开门领，其理由是,有驳口线的地方总是敞开着的(即开着门的)。其实,这种按造型形式去分类的方法是不科学的。关门领、开门领只不过是驳领的驳口线处在某一倾斜位置中的特殊情形,这可参见第12题。

驳领松斜度是指在平面分解图中,驳口线与上领口线之间的夹角,如图8-1所示。那么,这个夹角即驳领松斜度(以下简称松斜度)与哪些因素有关?这个问题,人们一直在探索并发表了各自的看法。归纳一下,大约有以下两种观点。

第一种观点认为,松斜度仅与翻领差有关。

第二种观点认为,松斜度与总领高和驳口点的高低有关。

对于上述两种观点的正确与否,我们不敢妄断。在此只是想提出自己的观点。我们认为,松斜度的大小与肩缝处的翻领差(简称肩翻领差)、驳口线与肩缝线的夹角、工艺归拔、肩斜度等四个因素有关。

由于肩斜度往往恒定在某一个固定值附近,影响较小,一般是不加考虑的。所以,通常情况下,松斜度只与前三个因素有关。不妨,我们可略作分析。

当驳口线与肩缝线的夹角固定时,肩翻领差(设为Δh)的增大,引起了领头有效外围线在衣身上所接触衣身有效外围线的增大。此时,只有增大松斜度,才能增长领头的有效外围线,从而与衣身上的有效外围线取得一致,如图8-2所示。同样,当肩翻领差固定时,驳口线与肩缝线的夹角增大,引起了衣身有效外围线的增大。此时,也只有增大驳领松斜度,才能增长领头的有效外围线,从而与衣身上的有效外围线取得一致,如图8-3所示。

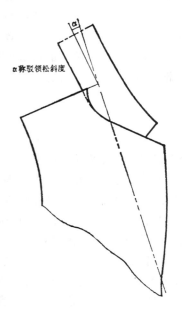

α称驳领松斜度

图 8-1

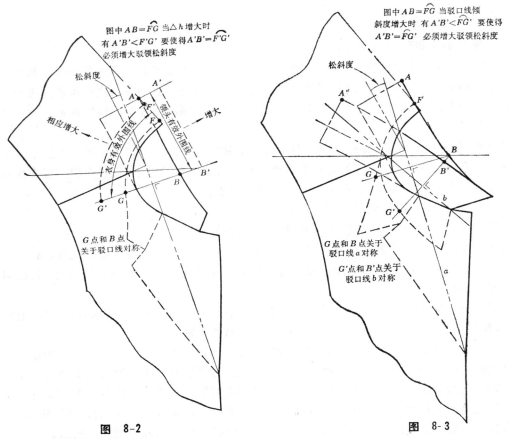

图中 $AB = \overset{\frown}{FG}$ 当 $\triangle h$ 增大时
有 $A'B' < \overset{\frown}{F'G'}$ 要使得 $A'B' = \overset{\frown}{F'G'}$
必须增大驳领松斜度

松斜度

相应增大

领头有效外围线

衣身有效外围线

增大

G点和B点
关于驳口线对称

图 8-2

图中 $AB = \overset{\frown}{FG}$ 当驳口线倾
斜度增大时 有 $A'B' < \overset{\frown}{FG}$ 要使得
$A'B' = \overset{\frown}{FG}$ 必须增大驳领松斜度

松斜度

G点和B点关于
驳口线a对称

G'点和B'点关于
驳口线b对称

图 8-3

工艺归拔对于松斜度的影响，那是很显然的。因为，通过工艺归拔，领底线和领头外围线都将拔长，领口线将归短。如果在工艺归拔前的松斜度恰巧使领外围线的有效长度等于衣身有效外围线的有效长度，那么，工艺归拔后的领头有效外围线将大于衣身的有效外围线。要使它们相等，则必须减小松斜度，以减小领头的有效外围线。

由此可见，松斜度主要与肩翻领差、驳口线与肩缝线的夹角、工艺归拔三个因素有密切关系。

9. 在胸围相同的情况下，西装的前、后横开领为何要大于中山装的前、后横开领？

根据现行的裁剪制图习惯，西装的前、后横开领是由胸围大小推算出来的，中山装的前、后横开领是由领围大小推算出来的。按理说，在相同胸围下，西装与中山装应该有相同的推算结果，即两者的前、后横开领分别相等。但事实上，前者所推算出的前、后横开领往往比后者的分别大 0.8 厘米左右，如图 9-1 所示。其原因何在？

一方面，按照西装领、驳头的造型要求，西装在肩斜线处的领脚与衣身的夹角最好能控制在 150～160 度之间，如图 9-2 所示，这样能使正面部分的领、驳头与衣身处于同一个近似的平面上，如图 9-3 所示。否则会使肩斜线前段处的领头出现明显的弯曲，而达不到预期的领、驳头造型要求。

另一方面,按照中山装领头的造型要求,其在肩斜线处的领脚与衣身的夹角必须恒定在125°度左右。这是为了能与人体颈部的外形保持一致,以取得合体的造型效果。

现假设,中山装的颈肩点恰巧落在距人体颈根围线0.7厘米的位置上,如图9-4所示。此时中山装的领脚与人体颈部侧面必定有同一方向,且两者间隔空隙也为0.7厘米,如图9-4所示。

如果也将西装的颈肩点落在距人体颈根围线0.7厘米的位置上,那么,它在肩斜线处的领脚上口必然会因领脚与肩斜线的夹角较大而受到人体颈部侧面的阻挡,从而使西装成型后,肩斜线前段部分的领头被弯曲。要使肩斜线前段部分的领头不被弯曲,除了减低领脚的高度外,唯一的办法只有将西装的颈肩点向外移0.8厘米左右。因此,西装的前、后横开领要比中山装的均大0.8厘米左右。

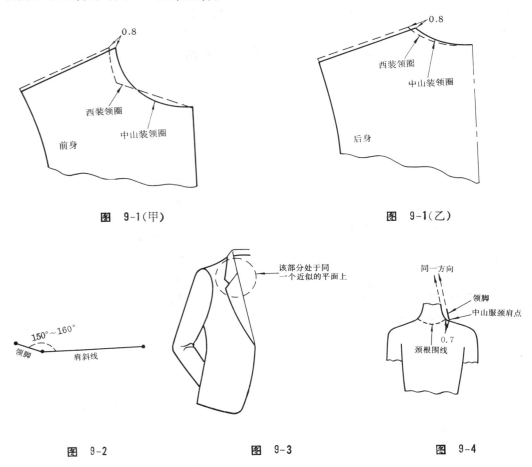

图　9-1(甲)　　　　　　　　　　　　图　9-1(乙)

图　9-2　　　　　　　图　9-3　　　　　　　图　9-4

10. 为什么说,开门领的领子独立制图不如依赖前身制图合理?

过去,人们一向是将领子脱离于前身而独立制图。只是近几年来,人们才渐渐地摈弃了这种不合理方法,而接受领子依赖于前身制图的合理方法。尽管如此,目前还有相当一部分人仍使用前一种方法。那么,这种方法究竟不合理在什么地方?我们认为,它主要反映在以下四个方面(以西装领为例)。

① 领底线与前领圈的转折点位置不清楚,如图10-1(甲)所示。

② 领和驳头的整体造型不能一目了然,如图10-2(甲)所示。

③ 领底线前端的翘势变化无规律,故难以掌握,如图10-3(甲)所示。

④ 领底线凹势的确定比较盲目,如图10-4(甲)所示。

从图10-1(乙)中可以看出,转折点实际上是领子在人体颈部上的转弯点。因此,这个转弯点的位置很重要。很多西装在领圈周围出现弊病,都与它有关。如转折点定得太下,会导致驳口线不直(串口线处);如转折点定得太上,会导致肩胸处出现"八字状"皱纹。

从图10-2(乙)可以看出,如果结合衣身来确定领子造型,那么,这种组合后的领、驳头造型(在衣身的翻驳位置上)是非常清楚的。

从图10-3(乙)可以看出,翘势不需要计算和确定,它是自然存在的。

从图10-4(乙)可以看出,领底线凹势不需要计算和确定,也是自然存在的。

由上述分析可知,开门领的领子脱离于前身而独立制图不如依赖前身制图合理。

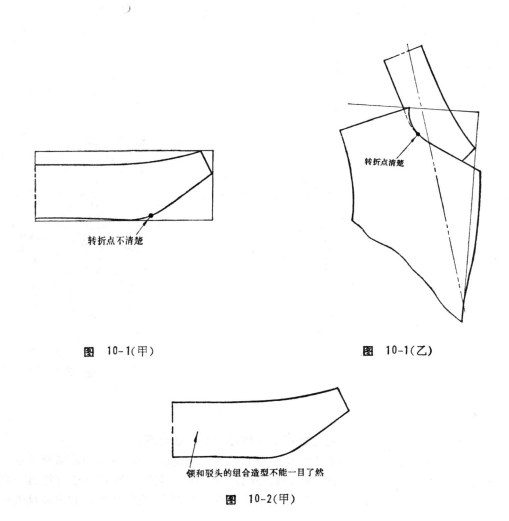

图 10-1(甲)   图 10-1(乙)

图 10-2(甲)

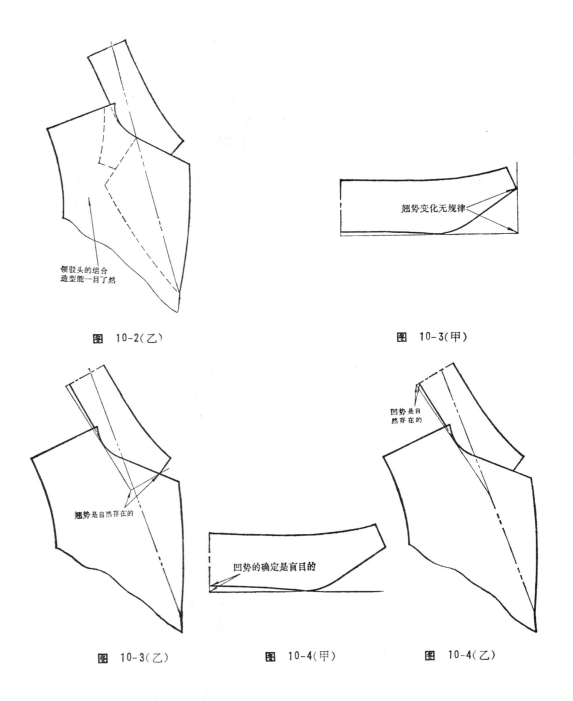

图　10-2(乙)　　　　　　　　　　图　10-3(甲)

图　10-3(乙)　　　图　10-4(甲)　　　图　10-4(乙)

11. 关门领的领子(指连领脚)独立制图是否合理?

　　无论在国内,还是在国外,绝大多数的资料都表明,关门领的领子一直是脱离于前身而独立制图的。这似乎已被人们所认识并运用,从来没有人提出异议。

　　其实,关门领与开门领不存在结构上的本质区别,它们的唯一差异仅仅是驳口点的位置不同,如图11-1所示。因此,既然开门领的独立制图是不合理的,那么,关门领的独立制图当然也是不合理的。并且其不合理方面与开门领的情况完全相同,请参见第10题中的内容。

也许有人要问,既然关门领的独立制图是不合理的,那么,为什么用此方法制图还能取得良好的成型效果呢?这是因为,所谓合理不合理都是相对的,在不合理中具有合理的成分,在合理中必定也具有不合理的成分。当某些不合理的原因所造成的结构上的错误无损大局时,可以被忽略不计,或者被工艺制作所弥补。尽管实际是这样,但理论上必须日臻完善。

下面我们向大家推荐一种比较合理的领子依赖前身的关门领(连领脚)的制图方法。

制图方法和步骤见图11-2所示。该方法的适用范围是:领脚高在2.5厘米至4厘米之间,翻领高在2.5厘米至6.5厘米之间。

图　11-1(甲)

图　11-1(乙)

图　11-1(丙)

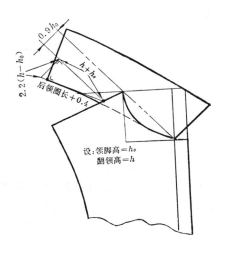

图　11-2

12. 为什么说,关门领、开门领、开关领都是驳领类型的特殊情况?

目前,社会上习惯将领型分作三大类,即开门领、关门领、开关领。这是按照领驳头敞开时的造型特征进行分类的。当领驳头全部敞开(开门)或部分敞开时,称其为开门领;当领驳头全部关闭(关门)时,称其为关门领;如领驳头既能敞开又能关闭,称其为开关领,也称两用领。

按照传统的分类思路,这三类领型似乎是互不相关的。在实际制图时,也是按不同的方法处理的。

我们认为,这三类领型之间具有本质联系,决不能因造型形式的差异而否定它们具有共同的基本结构特征,即:驳口点、驳口线、标准领口等,如图11-1所示。从这个基本结构特征的角度出发,可以将这三类领型统一起来。统一后的领型就取名为驳领。而上述三类领型只不过是驳领结构的各种特殊情形。

从图11-1可以看出:关门领只是驳领的驳口点在领圈上(或领圈以上)的一种特殊情形;开门领只是驳领的驳口点在叠门线上的一种特殊情形;而开关领只是兼有开门和关门两种造型特点的一种领子,当然也是驳领的一种特殊情形。

13. 是否存在立领依赖于前衣身的裁剪制图方法?

象学生装领、旗袍领等无翻领的一类关门领都称为立领。长期以来,立领一直是独立裁剪制图的。不能否认,独立裁剪制图方法有其优越之处,那就是简便而迅速,不然怎么会沿用至今。但是它也存在着无法回避的不足之处,即结构上的不完美。

我们知道,立领结构的合理与否主要体现在领底线的形状上。当然,对于经常接触的立领领底线形状,我们可以根据反复实践而得出的经验将其逐次修正到最佳状态。象学生装领和旗袍领的领底线形状都是基本上达到了各自的最佳状态(由各自的立领造型所决定)。但是,不可能每设计一种新的立领,都根据反复实践而得出的经验将其领底线形状修正到最佳状态。我们所需要的是一次性成功。这样的要求只有靠立领依赖前衣身的裁剪制图方法(以下简称依赖法)才能达到。下面将向读者介绍这种方法,如图13-1所示。

采用依赖法一定要解决两个问题,即领底线的转折点位置和后领底线的弯度,如图13-2所示。前者将决定立领转弯的起始位置,后者将决定立领成型后的倾斜程度,如图13-3所示。理论和实践都证明,裁剪制图中的领底线转折点正是成型后立领转弯的实际起始位置,并且该转折点的位置只能落在如图13-4所示的区域内。

领底线的转折点越靠近上限,则领底线与领圈重合的部分越多,从而使领与衣身处于同一平面的部分也越多,象云花衫领就属于这种情形。反之,领底线的转折点越靠近下限,则其与领圈重合的部分就越少,从而使领与衣身处于同一平面的部分也越少,如学生装领就是如此。

理论和实践还可证明,如果后领底线的弯度按如图13-5所示的方法确定,则成型后的立领领侧线接近铅垂线,如图13-6所示。如果将图13-5中的弯度线作为分界线,并分别在分界线的上、下两侧确定后领底线的弯度,则成型后的立领领侧线将分别向内倾斜和向

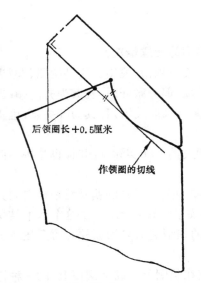

后领圈长+0.5厘米

作领圈的切线

图 13-1

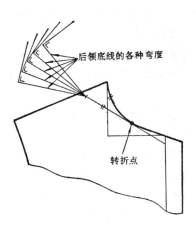

后领底线的各种弯度

转折点

图 13-2

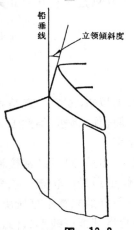

铅垂线

立领倾斜度

图 13-3

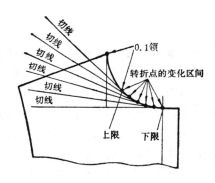

切线

切线

切线

切线

切线

切线

0.1领

转折点的变化区间

上限 下限

图 13-4

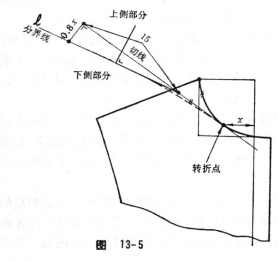

l

分界线

0.8x

上侧部分

15

切线

下侧部分

x

转折点

图 13-5

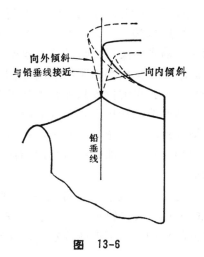

向外倾斜

与铅垂线接近

向内倾斜

铅垂线

图 13-6

外倾斜,如图 13-6 所示。这两大类型,一般情况下,都是在分界线的上侧确定后领底线的。越往上偏离分界线,说明后领底线的外弧弯度越大,因而立领成型后的圆台形感觉越明显。如学生装领的圆台形感觉要优于旗袍领的,就是因为前者的领底线要比后者的领底线更往上偏离于分界线。

对于装脚领的领脚制图也可采用上述依赖法。

14. 男衬衫领领脚的前端为何要有宽窄及长短之差?

解决这个问题应首先了解男衬衫领最基本的外观要求:

① 当正视时(穿在人体上观察),左右门、里襟处的领脚相互间不能有上、下偏差。

② 门襟一面的领脚前端不能向外翻翘(其它的外观要求不一一例举)。

要使得男衬衫领领脚能满足上述第一个外观要求,除了工艺制作上的措施外,必须在制图时将门、里襟处的领脚处理成一宽(里襟)一窄(门襟),宽窄之差约为 0.3 厘米,如图 14-1 所示。为何要这样处理呢?

其一,门襟一面的领脚处在里襟一面的翻领下,这样,领脚容易被翻领顶下去。

其二,由于人体颈部正面处的颈窝表面呈内弧形,当衬衫穿在人体上后,里襟的领脚处在外周上,门襟的领脚处在里周上,显然,外周长于里周,如图 14-2 所示。况且,门、里襟的两段领脚之间不可能贴得很紧,多少总有一点空隙,这使得上述现象更为严重。

同样,要使得衬衫领领脚能满足上述第二个外观要求,除了工艺制作上的措施外,必须在制图时,将门、里襟的领脚,处理成一长(门襟)一短(里襟),长短之差约为 0.3 厘米。这主要是为了要加长门襟处的领脚,使其被里襟一面的翻领挡在里面,不至于向外翻翘。

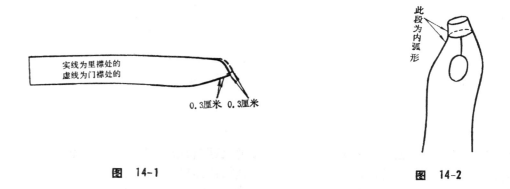

实线为里襟处的
虚线为门襟处的

0.3厘米 0.3厘米

此段为内弧形

图 14-1   图 14-2

15. 衬衫领领脚的前端斜度及"黄鱼肚"保持怎样大小才是理想的?

衬衫领领脚的前端斜度及"黄鱼肚",如图 15-1 所示。如果留心翻阅一下各裁剪书的衬衫领领脚的制图形状,将会发现各领脚的前端斜度及"黄鱼肚"均不一致。有的前端斜度及"黄鱼肚"较大,而有的却较小(但与之相匹配的各领圈形状却基本一致)。这完全是由于领脚采用独立裁剪制图所造成的。人们不禁要问，难道前端斜度及"黄鱼肚"可以不受条件制约，任意绘划吗？回答当然是否定的。那么，究竟保持怎样大小的前端斜度及"黄鱼肚"才是理想的呢？

由于领脚的领底线是与领圈相匹配的，因此，前衣身及前领圈无疑是用来鉴别领脚形状合理与否的一个可靠的参照因素。

为此，我们可以借用第13题中所介绍的立领依赖前衣身的裁剪制图方法，来确定衬衫领领脚的形状，如图15-2所示。因为该方法不仅能解决衬衫领领脚的裁剪制图问题，而且本身又是鉴别前端斜度及"黄鱼肚"合理与否的一个直观方法。

从图15-2可以看出，按该方法裁剪制图能保证衬衫领领脚的前端线不偏不倚，恰巧处于门襟止口线的同一直线上，同时还能保证衬衫领领脚的"黄鱼肚"不大不小，恰巧与前领圈的前段部分重合。

由此可见，一旦前领圈的形状确定，则衬衫领领脚的前端斜度及"黄鱼肚"大小也将唯一确定。也只有用这种方法确定的衬衫领领脚的前端斜度及"黄鱼肚"才是较为理想的。

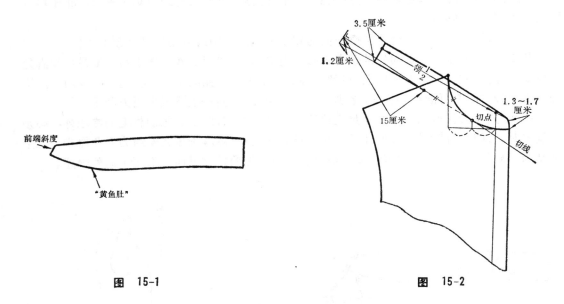

图 15-1　　　　　　　　　　　　　　　图 15-2

16. 为什么连脚领的领里大多选用斜料，而装脚领的领面（包括领里）却大多不选用斜料？

在通常情况下，连脚领的领脚形状不太符合人体颈部的外形要求，翻领差越大，则这种现象越严重。若想使连脚领的领脚形状能基本符合颈部的外形要求，单靠裁剪制图上的处理是无法解决的，唯一办法是通过工艺归拔来改变原来的领脚形状。因此，将领里选用斜料，无非是为了便于归拔而更容易地改变其领脚的形状。

当然，这不是绝对的。如遇到在翻领差不是很大，且面料不易归拔或领脚形状不很讲究的情况下，可适当选用直料或横料。如男衬衫两用领的领里和领面都是选用直料的，童装领头的领里同样也常选用直料或横料的。

与连脚领相比，装脚领的领脚形状能基本符合人体颈部的外形要求。因此，它不象连脚领那样,需要通过工艺归拔来改变领脚的形状。这样,装脚领的领面和领里(包括领脚和翻领)也就没有必要再选用斜料,而常常是选用直料或横料。

17. 为什么中山装领的翻领领衬高度应略小于实际高度?

根据工艺上的制作要求,中山装领的领衬都是剪成净样的,这是为了减少翻领止口的厚度,使其在外观上更为平服。

按常规想法,翻领做成多少阔度,其领衬也相应剪成多少阔度,其实不然。如果按此想法去做,则做出来的翻领阔度将大于原来要求的阔度。不妨,我们可作如下分析:

众所周知,中山装的面料一般都具有一定的厚度,尤其是呢类料。由于工艺制作上的要求,领衬被包在领里内,而领面的外围止口应略超出领里的外围止口,如图17-1所示。从图中的领面、领里、领衬三者的工艺组合关系中可以看到,一旦翻领制成后,在领衬的阔度上又增加了领里的厚度及领面的超出量。显然,要想防止其增加阔度,只有先减小领衬的阔度。

其次,我们再看一下翻领与领脚间的工艺组合关系,如图17-2所示。从图中可以看到,由于一层领脚面子和二层翻领面、领里的共同作用,使翻领翻折部分产生了一定的厚度,并略带一点圆弧形。如果翻领领衬的领口线与翻领领面的领口线重合,则翻领翻折时,必定受到领衬的阻碍,使其不易翻折。要消除这种不良现象,只有去掉翻折部分处的一段领衬。

由上述分析可以知道,要保证制成后的翻领阔度与原来规定的阔度相一致,必须将翻领领衬在规定的阔度基础上再减小一点。减小的尺寸与面料的厚度有关,一般约在0.3厘米至0.6厘米之间。

同样道理,领脚的领衬也应比原来规定的高度减小一点。其减小的尺寸也与面料的厚度有关,一般约在0.2厘米至0.4厘米之间。

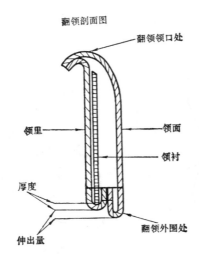

图 17-1

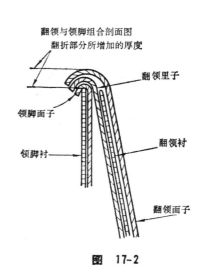

图 17-2

18. 为什么在平面结构图中,领与前身在颈肩处要有"平面重叠"?其重叠量与哪些因素有关?

图 18-1 所示的是领与前身合在一起的平面结构图,图中的阴影部分,我们就称其为"平面重叠"。如果领子脱离于前身独立制图,那么这种"平面重叠"就反映不出,更不知道"平面重叠"量(简称重叠量)的大小。

"平面重叠"究竟有什么作用?重叠量由什么因素决定,这是驳领中很值得研究的一个问题。

图 18-2 所示的是由两个圆台体组合而成的几何体。假如,沿着图中所示的分解线路,将其表面在平面中展开,就可以得到如图 18-3 所示的平面结构图。图中的阴影部分就是上面所说的"平面重叠"。而重叠量则与该几何体中的相关(交叉重叠)线的曲率(指展开后在平面中的弯曲程度)以及相关线的长度两个因素有关。它们之间的关系是:

①　当相关线曲率固定时,则"平面重叠"随相关线长度的增减而增减,如图 18-4 所示。

②　当相关线长度固定时,则"平面重叠"随相关线曲率的增减而增减,如图 18-5 所示。

我们还可以列举出很多具有类似这种平面展开性质的几何体。那么,是否可以找到这些几何体表面形状的共同特征呢?经过研究,我们得出如下结论:

首先定义某一根弧线按与其垂直,且相反弯曲方向的轨迹,由一端移动到另一端所得的曲面为双曲面,如图 18-6 所示。那么,凡具有双曲面一类表面形状的几何体都存在这种平面展开性质(下称双曲面的展开性质)。

图 18-2 中的那个几何体表面可看作是一个近似的双曲面。

按双曲面定义,人体颈部和肩部所组成的几何表面也是一个近似双曲面,因而也存在着

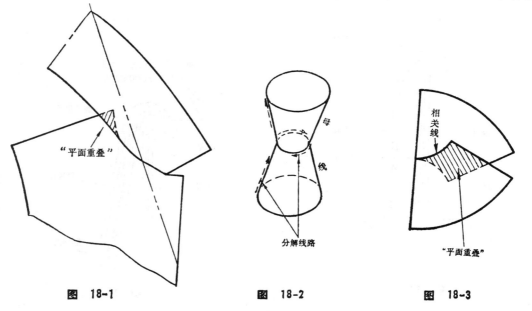

图　18-1　　　　　图　18-2　　　　　图　18-3

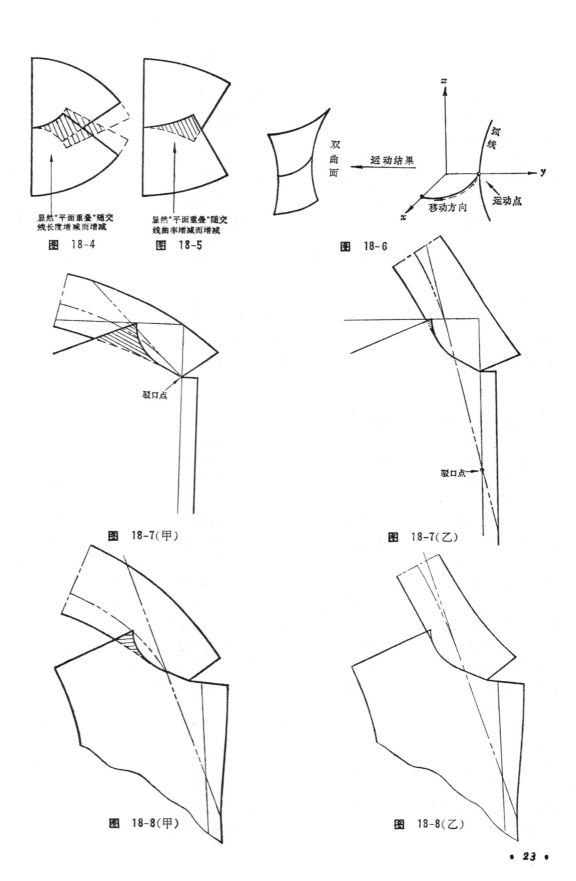

显然"平面重叠"随交线长度增减而增减

图 18-4

显然"平面重叠"随交线曲率减小而增减

图 18-5

双曲面 ← 运动结果

弧线

移动方向

运动点

图 18-6

驳口点

图 18-7(甲)

驳口点

图 18-7(乙)

图 18-8(甲)

图 18-8(乙)

双曲面的展开性质。于是,我们可以沿用刚才的讨论结果,来解释领与前身的"平面重叠"问题。

从图18-2和图18-5可以看到,当相关线长度固定时,相关线的曲率是由母线的夹角决定的。于是可以有如下结论,领头和前身的"平面重叠"只与领圈的有效长度(从转折点开始算起)、领脚与衣身在肩缝处的夹角这两个因素有关。

但考虑到,一方面领脚与衣身夹角与领底线凹势有关,而领底线凹势又与翻领差(肩缝处的)有关。另一方面,领圈的有效长度与转折点的位置有关,而转折点又与驳口点的位置有关。所以,"平面重叠"最终与翻领差、驳口点位置两个因素有关。它们间关系是:

① 假设翻领差固定,则"平面重叠"随驳口点的位置的高低而增减,如图18-7所示。

② 假设驳口点的位置固定,则"平面重叠"随翻领差的增减而增减,如图18-8所示。

由此可见,"平面重叠"概念的引进,对于领的平面展开及其制图理论有着极为重要的实际意义。不仅如此,它还可以在更广泛的制图领域内加以推广应用。如前、后摆缝的腰节处为什么要拔开,前肩缝处为什么要拔开,后裤片下裆缝的中段处为什么要拔开等一连串的问题,都可以根据"平面重叠"的概念,得到完美解释,在此就不一一赘述了。

19. 中式领圈的凹势为何要大于西式领圈的凹势?

首先,我们将西式衣身的平面结构作为分析对象,来说明这一问题。

众所周知,对于标准体型来说,西式衣身的前、后平均肩斜度约为20度。现在,我们来观察一下,在这西式衣身的平面结构图中,当平均肩斜度从20度逐渐变到0度时,领圈的形状将会发生怎样的变化。

假定,前肩斜度为22度,后肩斜度为18度,前、后领圈按现行的方法绘划。诚然,前、后肩缝连接后的整个领圈较圆顺、光滑,在肩缝处既没有削进,又没有突出,如图19-1所示。

如果以图19-1中的A点为固定点,把后身顺时针旋转20度(这相当于将前肩斜度抬高11度,后肩斜度抬高9度),那么,此时的领圈必定在肩缝处削进,以致整个领圈不圆顺、光滑。要想消除这种不良现象,且消除后的整个领圈仍保持原来的长度,唯一办法是只有按图19-2所示的方法进行修正,显然,修正后的领圈凹势比原领圈凹势大。

如果再把后身顺时针旋转20度(这相当于将前、后肩斜度都抬高到0度的位置),那么,此时的领圈将又一次在肩缝处削进。同样,要消除这种不良情况,且消除后的整个领圈仍保持原来的长度,可再一次按上述方法进行修正,如图19-3所示。由此可见,后一次修正后的领圈凹势要比前一次修正后的领圈凹势更大。

综上所述,我们可归纳出如下结论:领圈的凹势将随平均肩斜度的变化而变化。平均肩斜度越小,则领圈的凹势越大;平均肩斜度越大,则领圈的凹势越小。而中式领圈的凹势和西式领圈的凹势只是领圈凹势的整个变化过程中的两个极端状态。

如果从几何体表面的平面展开分析入手,同样也可以得到上述结论。例如,在上口半径、高度均为固定的条件下,圆台体的母线俯角越小,则上口在平面展开后的凹势越大,反之,圆台体的母线俯角越大,则上口在平面展开后的凹势越小,如图19-4所示。

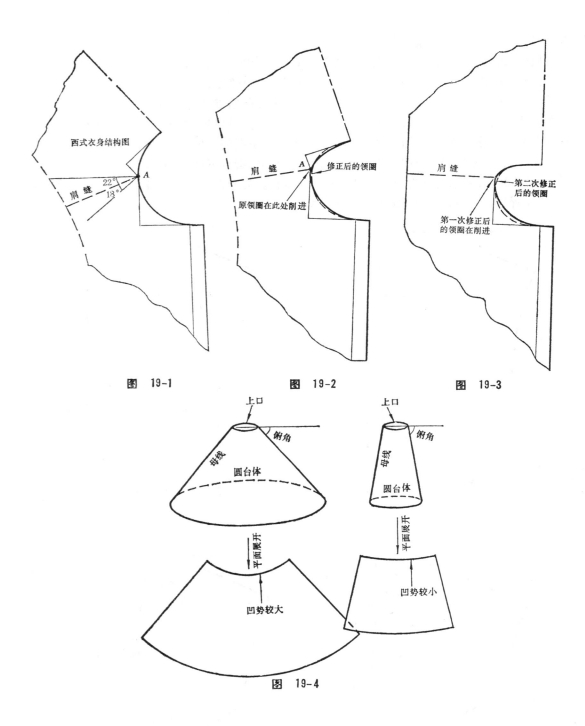

图 19-1   图 19-2   图 19-3

图 19-4

20. 在关门领条件下，为什么装脚领的领圈形状与连脚领的领圈形状不一样？

这两种领圈形状的不同，主要表现在前领圈上，如图20-1所示。从图中可以看到，连脚领的领圈，在近叠门线处的一段为直线；而装脚领的领圈，在各段处的凹势基本相等。为什么这两种领头要按不同的领圈形状与之相匹配呢？我们认为，首先是与领头转折点的位置有关,其次是与领头是否有翻领部分有关。

　　根据我们的研究,领头转折点的位置与驳口线的倾斜度有关。驳口线的倾斜度越大,则领头转折点的位置也越往下移;反之则向上移,如图 20-2 所示。

　　对于连脚领来说,一方面,由于在任何情况下的连脚领都是有翻领部分的,翻领驳下后,领圈总是被翻领遮住的,所以,在有其它要求的情况下,可以将领圈修改成任何形状(只要不露出翻领部分),正象开门领的领圈可以修改成方领圈的道理一样(如男西装领圈);另一方面,由于连脚领的驳口线倾斜度不是很大,使其转折点下面还留有较长的一段领圈线,而该段领圈线又要求与领头前面一段的领底线重合。为考虑到这两段线在工艺装配时能够方便些,所以,将该段领圈线处理成一条直线。

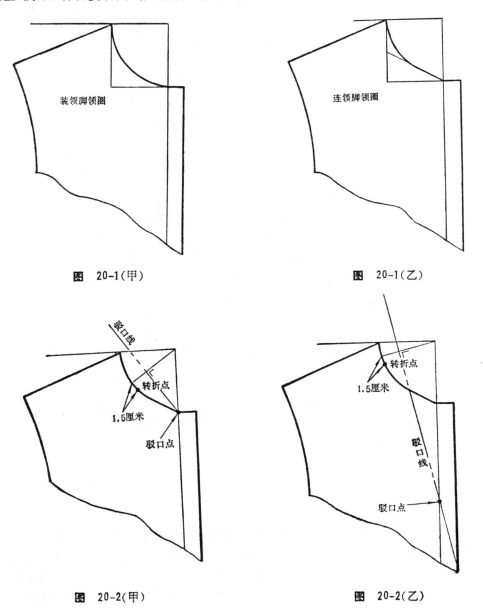

图　20-1(甲)　　　　　　　　　图　20-1(乙)

图　20-2(甲)　　　　　　　　　图　20-2(乙)

对于装脚领来说，一方面，由于有些装脚领的翻领较窄，这意味着衣服成型后的领圈，将似露非露地显于外表，这时必须考虑到其领圈的形状要与人体颈根部的围圆求得一致。所以其领圈除均匀圆弧形外，决不能随意地被修改成其它形状。另一方面，由于装脚领的领口线倾斜度较大，使其转折点落在近领窝点位置处，这样转折点下面很短的一段领圈就没有必要修改成其它形状。所以，整个领圈就处理成均匀圆弧形，以求得与人体颈根部的围圆相一致。

21. 怎样解决西装的领头与驳头的对条对格问题？

在西装的工艺制作中，领头与驳头的对条对格，历来被认为是一项难度很高的制作技术。有人认为，领头与驳头的对条对格纯粹是装配工艺上的问题。经过理论研究和实践摸索，我们认为，领头与驳头的对条对格应该是"七分制图，三分工艺"。

首先介绍制图上的方法。

考虑到工艺制作上的原因，先要对领面和领里的弯势作一下调整。先定出一个标准松斜度，然后，在这基础上作一个领里，使其松斜度小于标准松斜度，如图 21-1 所示。接下来，再作一个领面，使其松斜度大于标准松斜度，同时将领口线略短于领里领口线 0.3 厘米左右，如图 21-1 所示。于是领头上的对条对格就以这个领面为标准。

(1) 对于面料只有纵条子(与经向平行)的情形

先在纸样上绘划好如图 21-2 所示的图形，然后，连结驳端点和驳角点，作为挂面(驳头)的经向参照线 a (不一定与前身经向平行)。另外，作一条通过驳角点且与领中线平行的参照线 b，设 a 与 b 的夹角为 β。再作一条通过驳角点且平分夹角 β 的参照线 c。接下来，根据上、下位置的要求，作一条与 c 平行的串口线，如图 21-3 所示。最后，按图 21-4 所示，完成整个领、驳头制图。当然，这里的领头仅仅是指领面而言，领里可按照如图 21-1 所示的要求裁配。

因为，b 作为领头的经向(条子)线，a 作为挂面的经向(条子)线，且它们分别与串口线的夹角相等，所以，在串口线上，领面上的条子必定与挂面上的条子完全吻合。这样，为领头与挂面的对条对格，提供了可靠的保证。

对条步骤：

① 首先使后身纸样的背中线与条子中央线重合。

② 使领面纸样的领中线与条子中央线重合。

③ 使挂面纸样上的参照线 a 与条子保持平行，再根据条子在领面串口线上的位置，确定挂面的横向位置。

(2) 仿上述方法，可以解决面料只有横条子的对条对格问题

其次介绍工艺上的方法。

社会上，做领头的方法多种多样，尤其对于领头的工艺归拔方法更是五花八门，甚至有些方法是极端相反的。正是考虑到这一原因，我们才简单地介绍工艺上的方法。因为，按此法能基本保证领驳头对条对格的成功。

先按通常的要求，将领里与领衬绱好后，再按照图 21-5 所示的要求进行工艺归拔。归拔时尽量缩短领口线，不要拔长外围线。接下来，再将领面进行归拔，要求领面的翻领弯势等于或略大于领里翻领弯势，尤其是领面和领里的串口线要平行(假设在制图时错开，则不

要求平行),如图 21-6 所示。但千万不要将领面的领脚象领里的领脚那样进行归拔。否则,领头成型后,后领口的最里层会产生细小的皱纹。

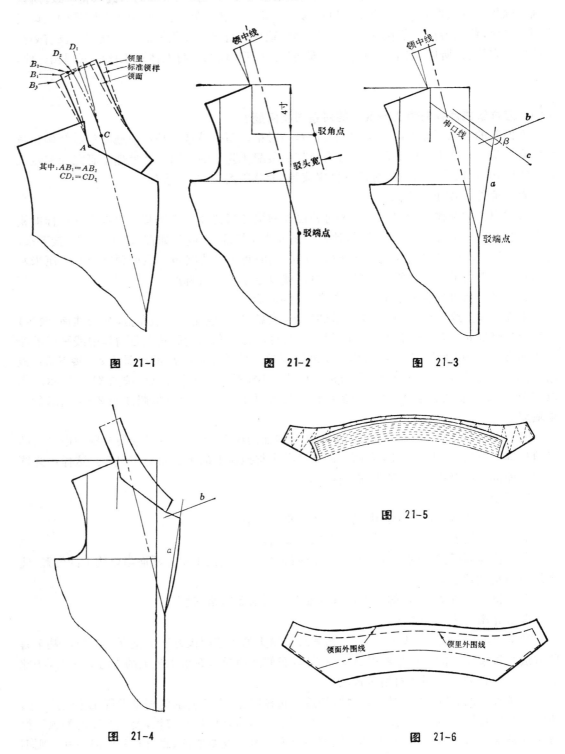

图 21-1   图 21-2   图 21-3

图 21-4   图 21-6

22. 在制图时,西装领面的领底线凹势为何要大于领里的领底线凹势?

假如,以领里为标准形状,则领面必须在领里的基础上再弯曲一下,如图22-1所示。那么,为什么要使领面和领里存在弯势差呢?

众所周知,领里和领衬都是采用斜料做的,领面却是采用横料做的。斜料具有很大的伸缩性,当工艺归拔后,领里、领衬将被归拔成弯曲度很大的形状。而横料的伸缩幅度较小,当工艺归拔后,领面达不到领里、领衬所要求的弯曲形状。这样,成型后的领头,其后领

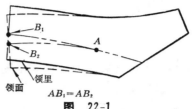

图 22-1

口处必然会产生叠起的皱纹。为克服这种不良现象,必须在制图时,先将领面在领里基础上弯曲一下,使其弯曲度大于领里。这样,经过工艺归拔后, 就能使领面和领里具有同样的弯曲形状。从而使成型的领头,在后领口处圆顺、平服,而毫无皱纹。

23. 为什么开门领的领脚转折点定在颈肩点或方领圈的角点(当角点明显偏下时)上都是不合理的?

对于开门领的裁剪制图,人们只注重驳领的松斜度和基点的定位方法,而不大注意领脚转折点的定位,如将转折点定在颈肩点上和方领圈的角点上, 如图23-1所示的现象时有所见。

从图23-1(甲)可以看到,转折点定在颈肩点上后,会使前领圈与前领底线完全重合,在颈肩部位毫无"平面重叠"。由此可以认为, 这种情况完全不符合人体颈根部的双曲面展开性质的要求(可参见第8题),因而是不合理的。

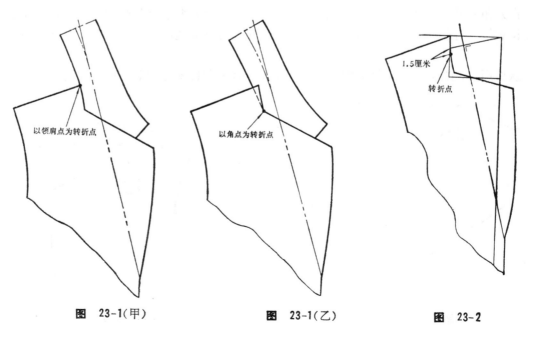

图 23-1(甲)   图 23-1(乙)   图 23-2

从图23-1(乙)可以看到,当方领圈的角点处在正常位置时,可以将转折点定在角点上,但当角点渐渐向下移动时,再也不能将转折点定在角点上了。否则在颈肩部位会过早出现"平面重叠"。一旦这样,则成型后的驳口线上段部位将上翘,从而人体的前胸不相紧贴。因而简单地将转折点定在角点上是不妥当的。

在此,我们向读者介绍一种较为合理的转折点定位方法,如图23-2所示。

24. 为什么有的西装的前领圈要划成方角形?

这种领圈在开门领中比较多见。因为开门领一般都有翻领和驳头部分,当领头翻驳后,其领圈总是被领驳头所遮盖的,所以,领圈随你怎样变形(只要不露在外面)都不会影响翻领和驳头的外观效果。相反,将领圈修改成其它形状,反而会起另外特殊的作用,如西装的前领圈划成方角形,就是一例。那么,方角形领圈究竟有什么作用?它主要有以下两个作用。

(1) 工艺制作上的正确性和方便性

领子与衣身装配时,领圈上的角点与领子上的角点重合,起到了定位标记的作用,还可避免由于无定位标记而引起领子与衣身的错位以及由此而产生装配上的误差。除此以外,领子与衣身装配时,只要在角点处完成一次转折即可,不象圆弧形领圈那样,需要经过不断的连续转折,这样可提高装配效率。

(2) 外观效果上的完美性

划成方领圈便于领面和领里的串口线错位,以减小该处的厚度,从而使驳头翻折后的串口线在外观上具有平薄而挺直的完美效果。

25. 在方角领圈中,将竖直方向的一根领圈线划成直线是否合理?

在方角领圈的制图中,人们习惯于把竖直的一根领圈线划成直线状,同时又将角点偏进1厘米左右,如图25-1所示。这种方角领圈粗看没有什么问题,但细想一下,它还不够合理。

众所周知,前、后身的肩缝装配后,前、后领圈应该能很圆顺地相联。一般情况下,不管

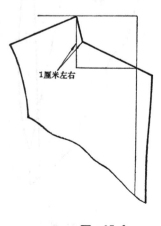

图 25-1

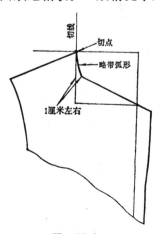

图 25-2

是圆领圈，还是方领圈，其后领圈的形状基本上是稳定的。因此，前、后领圈相联后能否圆顺，应取决于前领圈在颈肩点的切线与前肩缝的夹角大小，如图25-2所示。由于前肩斜度比较稳定，因此，前、后领圈能否圆顺，要取决于前领圈在颈肩点的切线方向。根据理论计算和实际经验知道，该切线只有与横开领线重合时，才能保证前、后领圈的圆顺。

由此可见，把竖直的一根领圈线划成直线形，且又将角点偏进1厘米左右，是不能保证前、后领圈圆顺的。因为，这根直线状的领圈线在颈肩点的切线就是其领圈线本身。显然，这根切线并不与横开领线重合。

要使方角领圈绘划得更完美、更合理，必须按如图25-2所示的绘划方法制图。图中的方法告诉我们，竖直的一根领圈线应略带一些圆弧形，并使横开领线成为其在颈肩点处的切线。

26. 为什么对于直开领（或横开领）明显偏大的连脚关门领，最好采用领样依赖前衣身裁剪制图的方法？

我们知道，计算直开领（或横开领）时，是以领围尺寸作为推算依据的。根据现行的开门领计算公式知道，当直开领（或横开领）不明显偏大时，则由此得到的整个领圈之长恰巧等于领圈尺寸（暂不考虑工艺因素）。而当直开领（或横开领）明显偏大时，如图26-1所示，则由此得到的整个领围之长不一定等于领围尺寸，于是产生了两个问题。

① 如果作为推算依据的领围是基型领围（即人体颈围尺寸加上一定的放松量），且领样的裁剪制图是独立的，那么，当直开领（或横开领）明显偏大时，很难确定领样中领底线的长度，因为此时领圈的实际长度将远大于领围尺寸，除非是实际测量的领圈长度，才能确定领底线长度。

② 如果作为推算依据的领围远大于一般的基型领围，且领样的裁剪制图是独立的，那么，当直开领（或横开领）明显偏大时，由此得到的整个领圈的实际长度不一定与领围尺寸相等，如图26-2所示，从而也就不一定与领样的领底线长度相等。

如果，将领样的独立裁剪制图方法改为领样依赖前衣身裁剪制图的方法，如图26-3所示，那就不会产生上述两个问题。当然，作为推算依据的领围必须是基型领围。

图 26-1(甲)

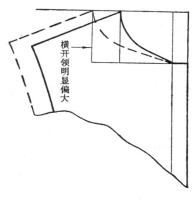

图 26-1(乙)

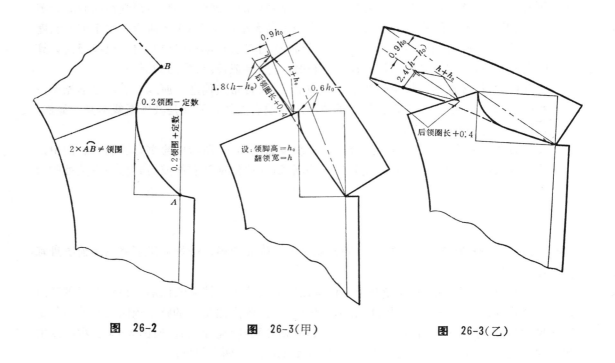

图 26-2   图 26-3（甲）   图 26-3（乙）

图中标注：

图26-2：
B
0.2领圈－定数
0.2领圈＋定数
$2\times\overset{\frown}{AB}\neq$领围
A

图26-3（甲）：
$0.9h_0$
$1.8(h-h_0)$
后领圈长＋0.4
$h+h_0$
$0.6h_0$
设：领脚高＝h_0
翻领宽＝h

图26-3（乙）：
$0.9h_0$
$2.4(h-h_0)$
$h+h_0$
后领圈长＋0.4

27. 在实际制作中，为什么领圈长度要略短于领底线的长度？

从理论上来说，领圈的长度应与领底线的长度相等。可实际情况并不是这样，它必须考虑工艺制作上的因素。主要是指以下两个：

① 装配时，领圈上的颈肩处需要适当拉伸，由于拉伸而引起领圈的增长。

② 有时，由于种种原因，使得在组装前，领圈的长度会大于领底线长度，这时，放长领头是非常困难的，缩短领圈长度也是不可能的。

正是考虑到上述两个因素，所以，在制图时，常常将领圈裁得偏小一些，使其略短于领底线的长度。它们的长度之差，可根据装脚领和连脚领这两种情况而适当选定。

对于装脚领，领圈往往比领底线短1～1.5厘米。

对于连脚领，领圈往往比领底线短0～0.5厘米（领脚需经过工艺归拔，如不需要工艺归拔，则可参照装领脚领头的处理方法。

28. 对于同一个人来说，为什么连脚领的成品领围要比装脚领的成品领围大 2.5 厘米左右？

我们已经了解到，一方面，由于装脚领的领底线往往比领口线约长2.5厘米，且领底线又是与领圈相匹配的，因此，领圈的实际大小必定比领口线长2.5厘米左右。这说明装脚领的领圈要比成品领围大2.5厘米（因为装脚领是以领口长作为成品领围的）。

另一方面，由于连脚领的领底线既与领圈相匹配，又是作为成品领围的依据，因此，连脚领的领圈长度与成品领围是一致的。

由上述两个原因可推知，在相同成品领围条件下，装脚领的领圈要比连脚领的领圈大2.5厘米左右。

假定装脚领的成品领围恰巧是大小适中，那么，连脚领的成品领围就显得偏小；反之，假定连脚领的成品领围恰巧是大小适中，则装脚领的成品领围就会显得偏大。为什么这样说呢？因为对于人的颈部来说，穿着大小的自我感觉不仅仅来自于领口部位（即颈腰部位），还来自于领圈部位（即颈根部位）。一旦领圈大小不足，无论领口怎样大，都不会改善颈部处穿着偏小给人带来的不适感觉。而且，领圈大小不足还会导致前衣身起吊、后背起涌等一系列弊病。

所以，无论从理论上，还是从实际上都要求：对于同一个人来说，连脚领的成品领围最好比装脚领的成品领围大2.5厘米左右。

29. 对于直开领很深及前领圈形状可任意变化的立领，应如何确定其领底线形状？

首先，我们给出三种不同深度和不同形状的前领圈形状，如图29-1所示。现假定给每种前领圈分别配上三种不同造型的立领，并要求第一种立领的前段有较大一部分与前领圈重合，第二种立领的前段部分几乎不与领圈重合，第三种立领的造型则是介于前二者之间的一种造型。很显然，这三种立领具有各自不同的领底线形状，那么，应该如何来确定这三种不同领底线的形状呢？

如果采用立领的独立裁剪制图方法来确定这三种领底线形状，那是很难办到的。

如果采用立领依赖前衣身裁剪制图的方法（参见第13题），那就不难确定这三种领底线形状，如图29-2～4所示。

从图29-3和图29-4可以看到，当直开领较深或领圈不呈标准圆弧形时，应先作一个基型领圈，然后以其作为媒介，选择立领的转折点位置。转折点越往上移，说明领与衣身近似处于同一平面的部分越多；转折点越往下移，说明领与衣身近似处于同一平面的部分越少。同时，我们还可以看到，当领圈为方角形时，可先将方角圆弧化，最后在由此而划出的立领领底线上确定相应的角点。如果转折点落在方角领圈的角点以上时，方角可不必圆弧化。

由此可充分说明，在应用的广度和精度方面，立领依赖前衣身制图的方法要比立领独立

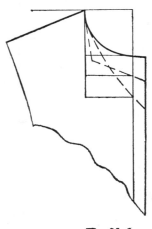

图 29-1

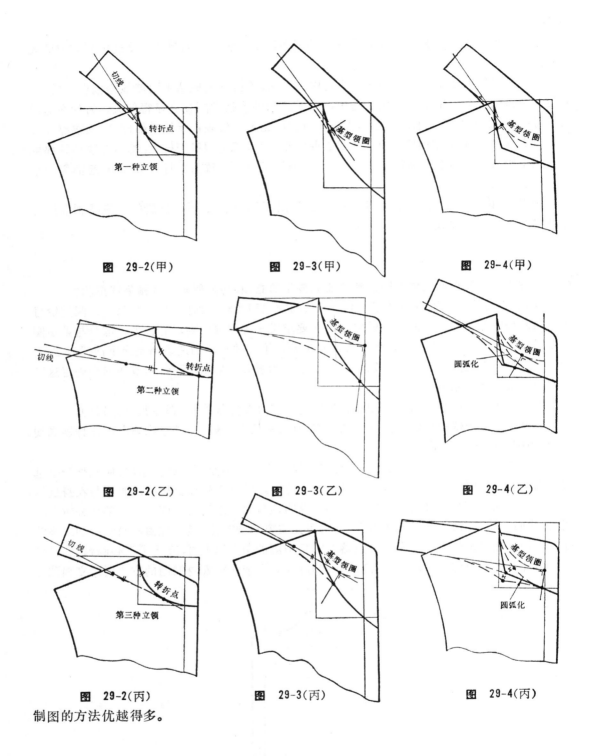

图 29-2(甲)　　　　图 29-3(甲)　　　　图 29-4(甲)

图 29-2(乙)　　　　图 29-3(乙)　　　　图 29-4(乙)

图 29-2(丙)　　　　图 29-3(丙)　　　　图 29-4(丙)

制图的方法优越得多。

30. 各类领圈是否可用几何作图法绘划？

　　对于领圈的绘划，社会上应用最多的是定点作弧法，即先确定几个有限的点，然后利用现成曲线尺将诸点圆顺地连结。其次是徒手划弧法，即在确定几个点后，根据眼光用徒手方法把诸点连结划顺。这些方法的优点是方便、快速，缺点是不严格，且很不稳定。这里我们将向读者介绍一种较为科学的几何作图法。

可以根据领圈的类型分两种情况来进行介绍。

(1) 装领脚关门领领圈

① 前身领圈　具体步骤和方法可见图 30-1 所示。在确定了直开领线和横开领线的前提下，首先由 A、B 两点分别向各自的左右两边作小圆弧，相交得 C、D 两点。连结 C、D 两点，交上平线于 E 点。最后，以 E 点为圆心，EA（或 EB）为半径作弧即得 $\overparen{AB}$。

② 后身领圈　具体步骤和方法可见图 30-2 所示。在确定了后直开领线和后横开领线的前提下，作一根过 A 点的线段 a，其中该线段与后肩缝之间的夹角等于前肩缝与前身上平线之间的夹角。以 A 点为圆心，任取一长度为半径作两个小圆弧，分别交线段 a 于 D、E 两点，再由 D、E 两点分别向各自的左右两边作小圆弧，相交得 F、G 两点，连结 F、G 两点，交 BC 于 H 点。以 H 点为圆心，AH 为半径，交 BC 于 I 点。仿由 A 点得到 FG 线段的方法，同样可以由 I 点得到 LM 线段，并且交 a 于 Q 点，以 Q 为圆心，QA（或 QI）为半径作圆弧 $\overparen{AI}$，从而得到整个后领圈 $\overparen{AIC}$。

(2) 连领脚关门领领圈

① 前身领圈　具体步骤和方法可见图 30-3 所示。在确定了直开领线和横开领线的前提下，首先由 A、B 两点分别向各自的左右两边作小圆弧，相交得 C、D 两点。连结 C、D 两点，交 AB 于 E 点。连结 EF 两点。以 E 点为圆心，AE 为半径作小圆弧，交 EF 于 G 点。再由 A、G 两点分别向右边作小圆弧，相交得 H 点。连结 H、E 两点，交上平线于 I 点。最后，以 I 点为圆心，IA（或 IG）为半径作弧即得 $\overparen{AG}$，从而得到了整个前领圈 $\overparen{AGF}$。

② 后身领圈　具体步骤和方法与装领脚的一样，如图 30-2 所示。按上述方法所绘划出的前、后领圈，在肩缝拼接后具有很好的光滑性，这在理论上已经得到了充分的证实。因为，当前、后肩缝重合时，前身的上平线将与后身的线段 a 重合，如图 30-4 所示，这样使得前、后领圈中的圆弧的圆心都落在同一条直线上，即连心线，从而使得各自在颈肩点上的切线重合。因此，前、后领圈在颈肩点上必能光滑地过渡。

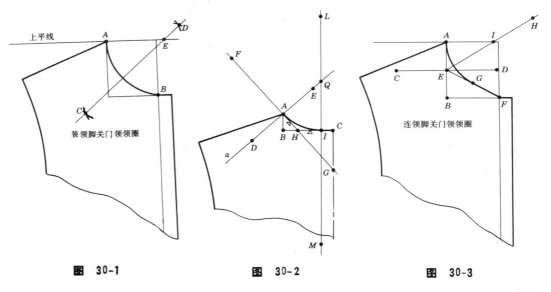

图 30-1　　　　　图 30-2　　　　　图 30-3

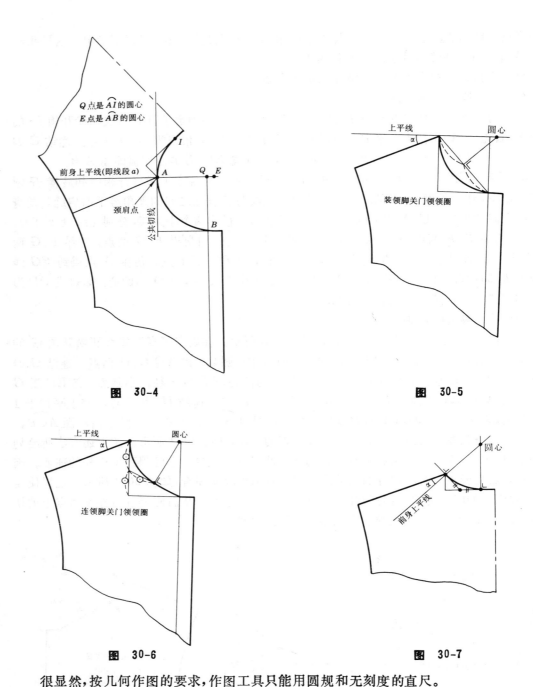

图 30-4

Q点是 $\overset{\frown}{AI}$ 的圆心
E点是 $\overset{\frown}{AB}$ 的圆心

前身上平线(即线段 a)

颈肩点

公共切线

图 30-5

上平线　圆心

装领脚关门领领圈

图 30-6

上平线　圆心

连领脚关门领领圈

图 30-7

圆心

前身上平线

很显然,按几何作图的要求,作图工具只能用圆规和无刻度的直尺。

如果我们放宽作图的要求,将无刻度的直尺改为有刻度的直角尺,那么,上面所介绍的领圈制图方法将变得更加简单,如图30-5~7所示的几种方法就是这样。

二、袖和袖笼

31. 袖山头胖度的大小与哪些因素有关？

　　所谓袖山头胖度是指袖山头弧线在单位长度内的凹凸度，如图 31-1 所示的 x_1、x_2 即为前、后袖山头胖度，而顶点至拐点的距离就作为一种近似的单位长度（这是为了制图的方便）。现在要问，这 x_1、x_2 的大小由哪些因素决定。不少裁剪书将 x_1、x_2 的值用定数固定下来。我们认为，用定数确定袖山头胖度显得不够严密，比较科学的方法应该是，袖山头胖度基本上与袖开深（y）成正比。不妨请看如下的分析。

　　我们以圆柱体为分析对象，分三种情况进行讨论。

　　① 假设圆柱体的直径为一定，现分别用三种不同倾斜度的平面去截这圆柱体，如图 31-2、图 31-3、图 31-4 所示，图中的 h 称圆柱体的截径。 如果将去掉截角后的圆柱体表面进行平面展开，则分别可得到三种具有不同凹凸度交线的平面展开图，如图 31-5、图 31-6、图 31-7 所示，从图中，我们可以看到：一方面，截径 h 随截平面与顶面的夹角增减而增减。另一方面，截径 h 越大，则平面展开图中的交线凹凸度 l 也越大；反之，当截径 h 为零时，则交线凹凸度 l 也为零。 由此可见，当圆柱体的直径为一定时，交线凹凸度 l 随截径 h 的增减而增减。

　　② 假设截平面与圆柱体顶面的夹角为一定，但两个圆柱体的直径不一样，如图31-8所示。如果考察它们的平面展开图，则会发现截径 h 大小是由圆柱体的直径决定的，而截径 h 较小的，其交线凹凸度 l 相应较小，截径 h 较大的，其交线凹凸度 l 相应较大，如图 31-9 所示。 由此可见，当截平面与圆柱体顶面的夹角为一定时，交线凹凸度 l 随截径 h 的增减而增减。

　　③ 假设圆柱体的截径为一定，但两个圆柱体的直径不一样，如图 31-10 所示。如果考察它们的平面展开图，则会发现两个平面展开图中的交线凹凸度 l 是十分相近的，如图31-11所示。 由此可见，当圆柱体的截径为一定时，交线凹凸度 l 与圆柱体直径的大小无关。

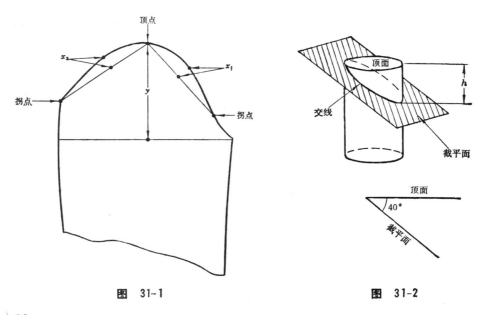

图 31-1　　　　　　　　　　图 31-2

综上所述,无论哪一种情况,交线凹凸度 l 的大小主要与截径 h 大小有关,并随截径 h 的增减而增减。经过理论计算知道,两者成正比例关系,其近似函数式为 $l=0.13h$。

由于袖筒可看作是一个近似的圆柱体表面,因此,上述的结论对于袖筒同样适用。也就是说,袖山头胖度 x 与袖开深 y 成正比例关系,即 $x=0.13y$。 考虑到袖山头胖度的非对称性及计算时的方便性这两个原因,故将上述计算式作如下调整:前袖山头胖度的大小为 $x_1=0.1y+0.7$ 厘米,后袖山头胖度的大小为 $x_2=0.1y$。

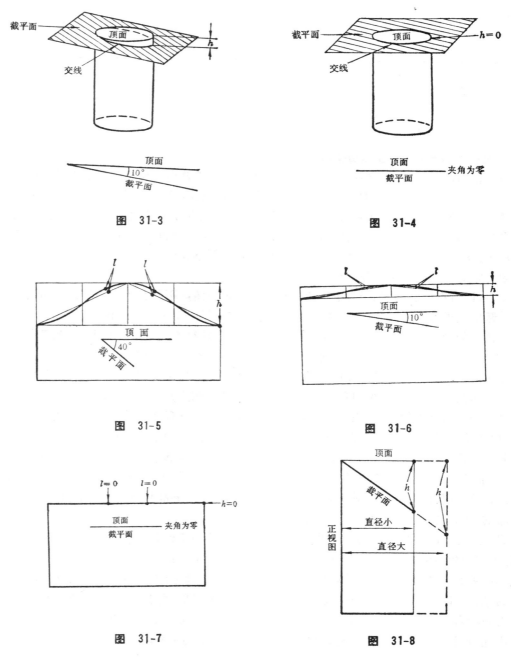

图　31-3

图　31-4

图　31-5

图　31-6

图　31-7

图　31-8

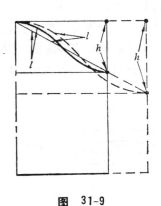

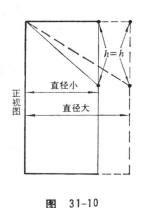

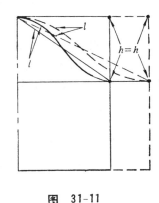

图　31-9　　　　　　　　图　31-10　　　　　　　　图　31-11

32. 为什么袖子的前、后袖山头弧线是不对称的？

有人认为，前、后袖山头弧线的不对称是因为人体手臂向前伸展的幅度大于向后的缘故，或者是由于手臂的前、后袖山头形状不一样的缘故，其实，这样的回答是不够完整的。假如人的手臂是绝对垂直的，那么，袖子的前、后袖山头弧线也许是对称的。但事实上，人的手臂在自然状态时，具有一个向前的偏斜角。经实际测量，其偏斜角稳定在 7 度左右，如图32-1所示，从图中可以看出，与其说是手臂向前偏斜，倒不如说是里弯线向前偏斜更确切一些。因为它对于我们下面的分析会更有帮助。

现在，读者不难想到，袖子与手臂应保持同一个偏斜角，不然会产生由于袖子和手臂错位而引起的袖子弊病。因此，袖子也应该相应地向前旋转一个 7 度左右的偏斜角。

按传统的制图习惯，二片式的袖子里弯线与基准线往往在同一个位置上，彼此不存在偏斜角，不管手臂的偏斜角多大，袖子里弯线始终固定在基准线上，如图32-2所示。正是由于这个原因，才使得我们对袖山头的对称性问题难以认识。如果我们改变一下传统的制图习惯，根据手臂里弯线的实际偏斜角，将袖子里弯线与基准线分离开来，那么，这样的制图结果就会带来令人满意的解释，如图32-3所示。图中的矩形 $ABCD$ 内，袖山头弧线是对称分布的；而矩形 $A'B'C'D'$ 内，袖山头弧线则是非对称分布的。如果将矩形 $A'E'F'D'$ 及其内部的袖山头弧线一起转到矩形 $AEFD$ 的位置上，就会出现与传统制图完全一致的结果。不过，S' 点需要修正一下，使其与 S 点一样成为袖山头弧线的拐点（即内、外弧形的转折点）。

由此可见，袖山头弧线的对称分布是相对而言的。相对基准线（即铅垂线）来说，它是对称分布的，而相对袖子里弯线来说，它是非对称分布的。

我们从图32-1中还可以看出，里弯线的偏斜角大小与手臂长短有关。当长度落在手腕处时，其偏斜角约为 7 度。随着手臂的长度逐渐变短，则里弯线的偏斜角也相应变小，从而导致袖山头的非对称分布趋向于对称分布。因此，在实际确定前、后袖山头的分布时，必须考虑到袖长的因素。这里介绍一种较为合理的二片式袖子的制图方法，如图32-4所示。从图中看到，当袖长在肘关节上面时，袖里弯线将与基准线重合，这与手臂的实际偏斜基本一致。因此，这种方法能完满地处理好袖长与袖里弯线偏斜的关系。

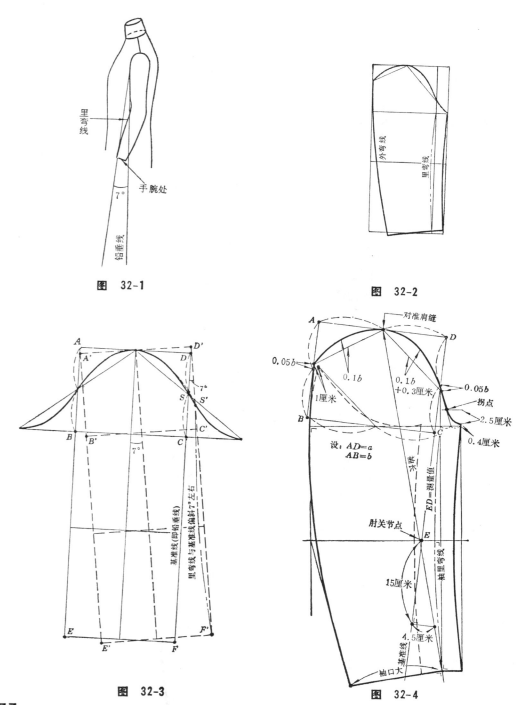

图　32-1

图　32-2

图　32-3

图　32-4

33.　现行的一片式袖子制图方法是否合理？

　　合理不合理主要看袖山头弧线与袖里弯线的相对位置是否正确，如图33-1所示。从第32题的讨论中，我们已经了解到，传统的袖子制图方法不合理性主要表现在袖里弯线的定位上。当然，一片袖的制图也不例外，如图33-2所示。从图中可以看到，一片式的袖里弯线在基

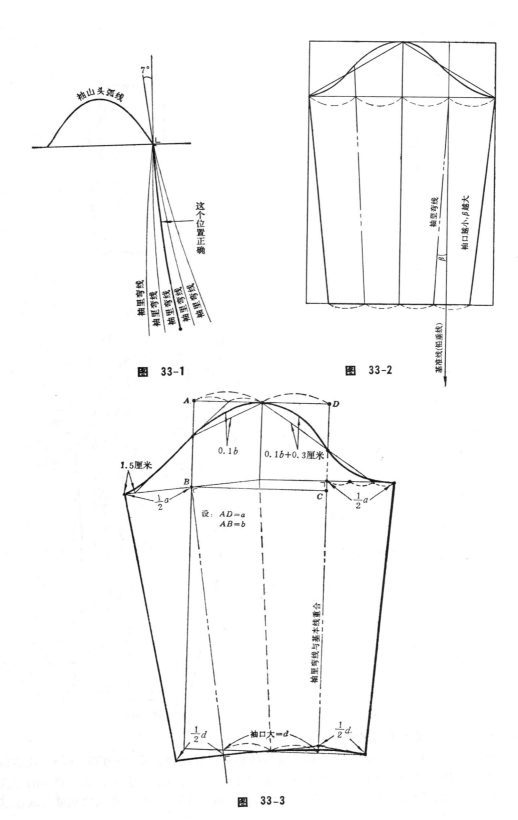

袖山头弧线

7°

这个位置正确

袖里弯线

袖里弯线

袖里弯线

袖里弯线

图 33-1

袖里弯线

袖口越小,β越大

基准线(铅垂线)

图 33-2

A

D

0.1b

0.1b+0.3厘米

1.5厘米

B

$\frac{1}{2}a$

C

$\frac{1}{2}a$

设:AD=a
AB=b

袖里弯线与基本线重合

$\frac{1}{2}d$

袖口大=d

$\frac{1}{2}d$

图 33-3

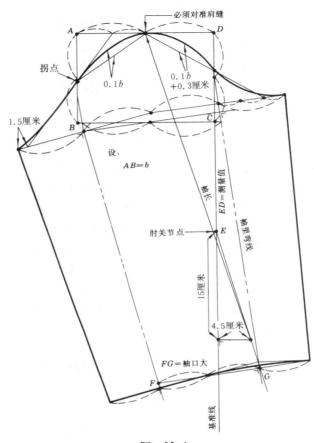

图中标注文字：

必须对准肩缝

A ··· D

拐点

0.1b 0.1b +0.3厘米

1.5厘米

B AB=b C

设：

袖长

ED=测量值

袖里弯线

肘关节点 E

15厘米

4.5厘米

FG=袖口大

F G

基准线

图 33-4

准线的里侧不固定地变化着,这种变化受袖口、袖壮大小的制约。当袖壮一定时,则袖口越小,其袖里弯线越往里偏斜。当袖口一定时,则袖壮越大, 其袖里弯线越往里偏斜。由于一片式的袖山头弧线分布与二片式的袖山头弧线分布基本 相同,因此, 一片式的袖里弯线与袖山头弧线的相对位置肯定是不合理的。要解决这个问题,至少应象二片式的方法一样,将袖里弯线落在基准线上,使之固定,如图33-3 所示。此外, 再介绍一种与传统格局完全不同的一片式袖制图方法,如图33-4所示。从图中可以看到, 当袖长在肘关节上面时,袖里弯线与基准线重合,这与实际情况是基本相符的。

34. 为什么袖山头弧线要有吃势?它由哪些因素决定?

吃势是行业中的俗语,它是指某一部位需通过工艺方法使其收缩的量,放在袖山头上,就称袖山头吃势,放在后肩缝上,就称后肩缝吃势, 以此类推。袖山头吃势主要起什么作用呢?我们认为,它主要有以下三个方面的作用。

(1) 为了解决里外匀(以缝头倒向衣身为前提)

因为袖笼是一个曲率较大的封闭形曲线,装配时,衣身在里圈, 袖子在外圈。外圈与里圈必有一个长度之差,并且面料越厚,其差也越大,这个差就作为整个袖山头吃势的一部分。

(2) 为了容纳具有一定宽度的缝头(以缝头倒向衣身为前提)

因为袖子和衣身装配后留有一定宽度的缝头,这个缝头在多数情况下总是倒向袖子一边的。如果袖山头的边沿处不处理成一定的圆弧形,如图34-1所示,就容易被缝头向外顶撑,以致于影响袖山头处的造型效果。而这袖山头的圆弧形是靠袖山头吃势的工艺收缩来完成的,这个吃势就作为整个袖山头吃势的又一部分。

(3) 为了更好地符合手臂顶部的表面形状

因为手臂顶部的表面略带有一点球冠状。要让平面过渡到球冠状曲面,不通过工艺收缩(不包括收省、折裥)是不可能的,而这个工艺收缩的量就作为袖山头吃势的一部分。

归纳上述的讨论结果,可得出如下定性结论:袖山头吃势的大小与袖山头弧线的总长、袖斜线倾角、面料的质地性能、装配形式等四个因素有关。

由于在袖斜线倾角为一定的条件下,袖山头弧线越长则袖开深越深,因此,袖开深因素与袖山头弧线总长因素是等价的。反过来,在袖开深为一定的条件下,当袖山头弧线越长则袖斜线倾角越小,当袖山头弧线越短,则袖斜线倾角越大。因此,在袖开深为一定时,袖山头弧线总长和袖斜线倾角两个因素不互相抵消。所以,这一定性结论应为:袖山头吃势的大小与袖开深、面料的质地性能、装配形式三个因素有关。经过多次的理论计算及反复的实验,它们间的定量关系可近似地表示成如下公式:

$$q = t_1 e \pm t_2 + n t_2$$

其中,q 为袖山头吃势,e 为袖开深,当袖山头内装有垫肩且缝头倒向袖子一边时, n 为0.6,当无垫肩或缝头倒向衣身一边时,n 为0。

$$t_1 = \begin{cases} 0.8 & \text{经纬密度大的化学纤维织物} \\ 0.10 & \text{经纬密度小的化学纤维织物、经纬密度大的天然纤维织物} \\ 0.12 & \text{经纬密度小的天然纤维织物、经纬密度大的羊毛织物} \\ 0.14 & \text{经纬密度小的羊毛织物,经纬密度特别小的非羊毛织物} \end{cases}$$

$$t_2 = \begin{cases} 0.4\text{厘米} & \text{薄型织物(1号),如府绸、乔奇纱类} \\ 0.8\text{厘米} & \text{中等型织物(2号),如卡其、花呢类} \\ 1.2\text{厘米} & \text{较厚型织物(3号),如粗花呢、麦尔登呢类} \\ 1.6\text{厘米} & \text{厚型织物(4号),如拷花呢、圈圈呢类} \end{cases}$$

当袖子与衣身的缝头全部倒向袖子一边时,t_2 取正号;当缝头全部倒向衣身一边时,t_2 取负号;当缝头为分开缝时,t_2 取零。t_1 为 e 的比例系数。下面举几个例子。

① 已知:面料为全毛花呢,袖开深(西装的袖子)为17厘米,装配形式为缝头倒向袖子一边,求袖山头吃势 q 为多大?

解:因为全毛花呢属于经纬密度大的羊毛织物,所以 $t_1 = 0.12$;

由于全毛花呢属于2号织物,故 $t_2 = 0.8$ 厘米;

因为缝头全部倒向袖子一边,所以 t_2 取正号;

由于装有垫肩,所以 $n = 0.6$;

依条件 $e = 17$ 厘米,

将上述已知值代入公式得

$$q = 0.12 \times 17 + 0.8 + 0.8 \times 0.6 = 3.32(\text{厘米})$$

即袖山头吃势为 3.32 厘米。

② 已知：面料为全棉卡其，袖开深（茄克衫袖）为 13 厘米，无垫肩，装配形式为缝头倒向衣身一边，求袖山头吃势 q 为多大？

解：因为全棉卡其属于经纬密度大的天然纤维织物，所以 $t_1 = 0.11$；

由于全棉卡其属于 2 号织物，故 $t_2 = 0.8$ 厘米；

因为缝头全部倒向衣身一边，所以 t_2 取负号；

因为无肩垫，所以 $n = 0$；

依条件 $e = 13$ 厘米，

将上述已知值代入公式得

$$q = 0.11 \times 13 - 0.8 = 0.63 (厘米)$$

即袖山头吃势为 0.63 厘米。

图 34-1

如果面料为混纺织物，则 t_1 可选取介于织物中几种纤维之间的一档系数。

35. 怎样计算袖山头弧线的总长度？

无论是一片式袖子还是二片式袖子，它们的袖山头弧线都可被认为是在袖斜线上、下波动着的，如图 35-1 所示。这种具有上、下波动的几何规律性将给计算袖山头弧线的总长度带来极大方便。

从图 35-1 可以看到，不管怎样，袖山头弧线（$\overgroup{ABH}$）始终长于袖斜线总长（AH），并且它们之间的差肯定不是一个固定值。否则这问题就能轻易地解决。既然这个差不是一个固定值，那必定是一个可变值，现设其为 x，于是就有：

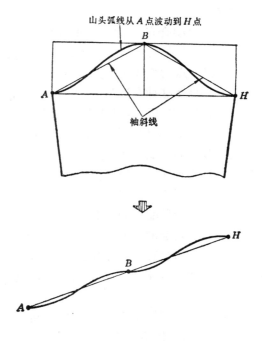

图 35-1

图 35-2

$$袖山头弧线总长(\overgroup{ABH}) = 袖斜线总长(AH) + x \qquad\qquad (\text{I})$$

显然,这 x 的大小与袖山头弧线在袖斜线上的波动幅度有关。波动幅度大,则表明袖山头胖度大;波动幅度小,则表明袖山头胖度小。由第31题的结论可以知道,袖山头胖度的大小与袖开深的大小有关,因此,这 x 的大小最终与袖开深的大小有关。

通过理论计算得出了 x 的变化值为:$0.2e - 0.7$ 厘米,其中 e 为袖开深。将 $x = 0.2e - 0.7$ 厘米代入上面的(I)式中可得到如下袖山头弧线总长的近似计算式:

袖山头弧线总长度 = 袖斜线总长(AH) + $0.2e - 0.7$ 厘米。当然,这计算式是以一片式袖子为例而推导出来的。对于二片式袖子,其计算式为:

袖山头弧线总长度 = 袖斜线总长(AH) + $0.2e - 0.3$ 厘米。这二片式袖子是以小袖片的劈势只有 1 厘米为标准的,如图 35-2 所示。如小袖片劈势每增减 1 厘米(不包括原有 1 厘米),则袖山头弧线总长度就相应增减 0.6 厘米。

根据以上计算方法,我们完全能将袖山头弧线总长度控制到任意需要的尺寸。

36. 怎样确定袖与前、后身的装配位置?

这是一个非常重要的实际问题。因为装配位置的正确与否将直接决定着袖与衣身的偏斜度是否满足人体的实际要求。

社会上对于装配位置的确定大致有以下两种方法。

第一种方法是只将袖山头顶点与袖笼的肩缝点作为一对吻合点,其余的吻合点都是不确定的。因此,袖子与衣身的正确偏斜度是靠实际装配时,通过试样、观察、调整后才得到的。当然,袖山头顶点与肩缝点并不是绝对能吻合的,因调整而引起两吻合点错位是常有的事。与其说它是一对吻合点,还不如说它是一对参考点。

第二种方法是互相独立地确定如图 36-1 所示的三对吻合点。图中,A 点至 B 点的弧线长度与 A' 点至 B' 点的弧线长度之差,是否恰巧等于 A 点至 B 点弧线内的袖山头吃势,他们并不关心,而关心的倒是 C' 点的确定(A' 点至 C' 点的弧线长度是按 A 点至 C 点的弧线长度与该段的袖山头吃势之差为依据而得到的)。显然这种方法是不可靠的。因为 $\overgroup{AB}$ 内的袖山头吃势并不一定等于 $\overgroup{AB}$ 长度与 $\overgroup{A'B'}$ 长度之差。因此,当袖山头弧线收缩后再与袖笼装配时会出现四种情况:(a)A 点与 A' 点相吻合理(此时 C 点与 C' 点必吻合正确),B 点与 B' 点吻合也正确。(b)A 点与 A' 点相吻合理(此时 C 点与 C' 点必吻合正确),B 点与 B' 点错位。(c)A 点与 A' 点相吻不合理(此时 C 点与 C' 点必错位),B 点与 B' 吻合正确。(d)A 点与 A' 点相吻不合理(此时 C 点与 C' 点必错位),B 点与 B' 点错位。由此可见,这种方法所产生的装配错误的概率要远大于装配正确的概率。

这里,我们向读者介绍一种新的吻合点定位法。首先确定前袖笼上的几个吻合点,如图 36-2 所示。然后按图 36-3 所示的制图要求确定袖山头上几个对应的吻合点。最后,根据袖山头上 B' 点至 D' 点的弧线长度与 0.35 倍的袖山头吃势之差,来确定后身上相对应的吻合点,如图 36-4 所示。

上面介绍的方法只适用于袖斜线倾角较大的袖,图 36-5 所示。对于袖斜线倾角较小的袖,没有必要再确定那么多的吻合点。因这种袖的袖山头结构不如前一种袖那样严格、讲究,如衬衫袖、茄克衫袖等就属于这种情况。

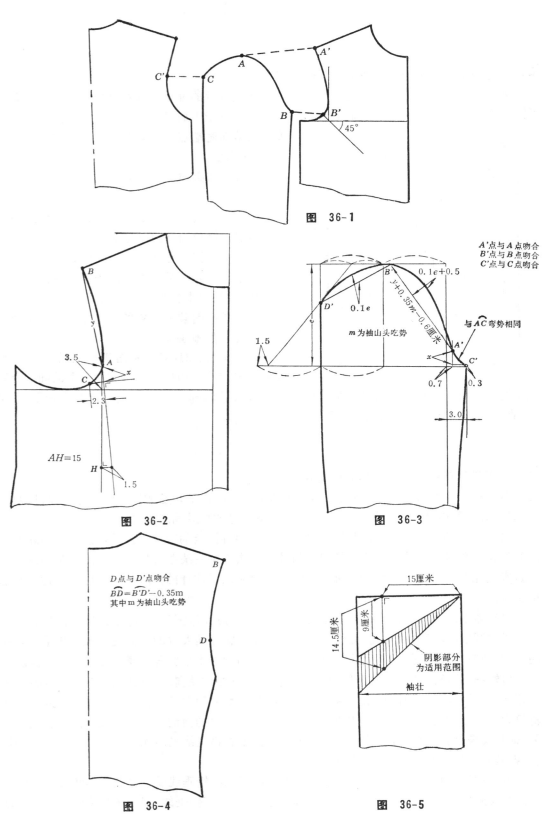

图 36-1

图 36-2

$AH=15$

图 36-3

A'点与A点吻合
B'点与B点吻合
C'点与C点吻合

$0.1e+0.5$

$y+0.35m-0.6$厘米

与 $\overarc{AC}$ 弯势相同

m 为袖山头吃势

图 36-4

D点与D'点吻合
$\overarc{BD}=\overarc{B'D'}-0.35m$
其中m为袖山头吃势

图 36-5

15厘米

14.5厘米

9厘米

阴影部分
为适用范围

袖壮

37. 怎样解决袖和前身的对条（横条）问题？

这并不是一个制图上的问题，而是一个完成制图后的袖与前身在面料中的相互位置问题。按传统的方法，是先确定前身在面料中的位置，并记下肩端点的纵向位置，然后使袖山头顶点落在肩端点偏下 2 厘米的纵向位置上，如图 37-1 所示。

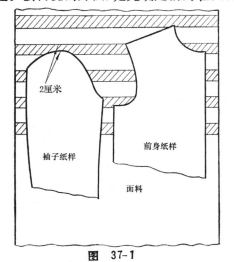

图 37-1

这种方法必须在以下两个条件下才是适用的。

① 袖山头与袖笼的装配位置一定要正确。否则会引起错位而导致对条失败。

② 袖开深一定要适中。太浅时，袖的条子会向上错位；太深时，袖的条子会向下错位。

那么，怎样才能保证对条正确呢？其实有了第 36 题袖与前身间装配位置的确定方法，这个问题也就自然而然地解决了。

在纸样复料时，只要将图 36-2 中前身的 A 点与图 36-3 中袖子的 A′ 点落在面料上的同一个纵向位置上即可。不过前身与袖子必须按照图36-2和图36-3 中的要求进行制图。否则会由于袖山头与袖笼的装配错位而导致对条失败。

38. 怎样掌握袖与前身的相对偏斜角？

对于正常体型，袖与衣身的相对偏斜角的确定方法在第36题的讨论中已经提到过，如图36-2所示。现在，从一般意义上全面地阐明袖与衣身的相对偏斜关系。

众所周知，驼背体、挺胸凸肚体仅仅是一种体型特征上的定性化说明，这对于实际的制图并无提供数量上的信息，只能指望凭估计的办法来解决某些实际问题。而服装制图需要的是实实在在的、具体的数量值，所有定性化的说明或凭估计的办法都无法使制图达到精确的要求。

要将体型的某些特征进行数量化的描述，只有通过具体测量，才能达到这个目的。

通过观察，我们可以发现，挺胸体、驼背体和一般标准人体的手臂绝对偏斜角是基本相同的，即使有差异，也是相差无几。他们的根本区别就在于手臂与上身的相对位置不同。

另外，我们还发现，穿在身体上的上衣在其胸宽处的经向线与铅垂线并不平行，彼此之间存在一个因人而异的偏斜角。这个偏斜角，我们称之为衣身偏斜角。标准人体的衣身偏斜角为 1.5 度左右；挺胸凸肚体的衣身偏斜角在铅垂线的前侧，并且，挺胸凸肚程度越显著，则其衣身偏斜角越大；驼背体的衣身偏斜角大多在铅垂线的后侧，并且，驼背程度越显著，则其衣身偏斜角越大，如图38-1所示。

由于袖偏斜角也是以铅垂线为参照标准的，因此，铅垂线成了袖偏斜角和衣身偏斜角的公共参照标准。在实际制图时，只要在前身上确定一条铅垂线，则袖子的绝对偏斜角也就可以确定了,如图38-2所示。

那么,这条前衣身上的铅垂线应怎样确定呢?在前面已经提到,它是通过人体的测量得到的。具体测量方法如下:测量前,可给被测量者穿上一件具有明显衣料经向线的上衣。测量时,将下端吊有重物的线的上端对准胸宽点后任其自然下垂,此时可观察到其与衣料经向线之间的偏斜角。偏斜角的大小可根据两直角边的比值将其记录下来,如图38-3所示。在下端吊有重物的线上,自胸宽点向下量取一个适当的长度(设为 y),再在该长度点上量取自该点至经向线的距离(设为 x)。这样就可将实际测量所得到的一对比值 $y:x$ 照搬到前衣身上去,如图38-4所示。有了图中所示的袖里弯线后,其它相关联部分的制图,可仿照图36-2和图36-3所示的方法进行。

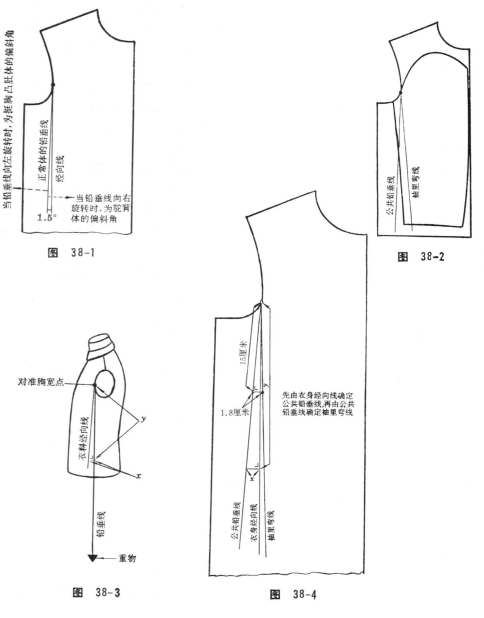

图　38-1

图　38-2

图　38-3

图　38-4

39. 当袖壮一定时,袖开深是否有最大限度?如有,应怎样确定?

在回答这个问题之前,先让我们观察一下人体手臂与肩膀分界线处的外观形状,如图39-1所示。从图中可以看到,如果使某一个截面通过手臂与肩膀的分界线,则该截平面与手臂母线的夹角称为截余角。而用90度减去截余角后所剩余的称为截角。显然,成型后的袖截角只能小于或等于手臂的截角,但决不能大于手臂的截角。否则,在实际穿着时,人体的手臂将受到严重的牵制,无法向上伸展。这实际上是承认了袖存在着最大限度的截角。那么,这个立体袖的最大截角是否可用平面中的某些参数来刻划呢?根据立体几何知识,我们不难证明,袖子的截角与袖斜线的倾角成正比例关系。假设袖子的截角为 α,袖斜线的倾角为 β,则它们的关系可写成 $\beta = K\alpha$,其中 K 为比例常数。在这关系式中,当 α 达到最大值时,$K\alpha$ 也将达到最大值(K 为常数),也就是 β 将达到最大值。由此可见,袖斜线倾角是刻划袖最大截角的可靠参数。

那么,这袖斜线的最大倾角究竟为多少呢?理论上的计算及反复的实践都证明,袖斜线的最大倾角为44度,如用两直角边的比来表示,则为15:14.5,如图39-2所示。这是一个最大倾角,而不是最佳倾角。最佳倾角约为41度,两直角边的比为15:13.3。引进了这样的最佳倾角,将为西装袖山头的成型效果提供了结构上的保证。

从图39-2中不难看出,当最大倾角的袖斜线不断延长时,袖壮和袖开深将同时增大。如果没有袖壮条件的限制,袖开深具有无限增大的趋势。因此,不以任何条件为前提,就不能单纯地说袖开深的最大限度是多少?由于袖斜线最大倾角为44度,接近45度。因此,当袖壮大为一定时,其袖开深的最大限度值略小于袖壮大(必须以袖山头弧线略长于袖笼弧线为前提)。

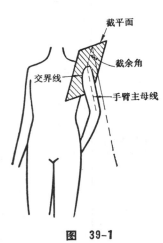

图 39-1

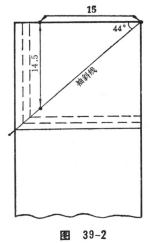

图 39-2

40. 为何说利用袖斜线来确定袖开深是一种最佳方法?

袖斜线是指袖壮与袖开深所确定的矩形上的一条对角线。这条对角线的长为1/2袖笼总长 + x(x 为调整常数)。其制图程序是:先确定袖壮,再在事先制好的前、后衣身上测量袖笼的实际长度,以 1/2 袖笼总长 + x 之长(即袖斜线长)为半径,基准线顶点为定点,使袖斜线与袖壮线相交,这个交点即为袖开深点,如图 40-1 所示。

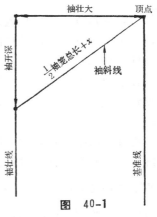

图 40-1

以前,袖开深的独立确定法一直是人们所使用的一种方法。只是到了 80 年代初期,一些人才渐渐地抛弃了这种不合理方法,而欣然接受了利用袖斜线来确定袖开深的方法,这也许是受到了日本原型法的影响。那么,这种方法究竟优越在何处呢?主要体现在以下两个方面。

①　能使袖山头弧线总长与预定的长度接近,从而保证了袖山头弧线总长与袖笼总长之差恰巧等于所需的袖山头吃势量,所以,它的精确程度是可靠的。

②　能调节袖壮和袖开深的大小。从而使袖的造型具备了灵活的可变性。

由于以上两优点,所以说,利用袖斜线来确定袖开深是一种最佳方法。

41.　衬衫袖口的大小是怎样确定的?

一般情况下,衬衫袖口总离不开收裥。男式衬衫的袖口大多有 1～3 个大裥,女式衬衫的袖口则是大裥、碎裥兼而有之,而大裥、碎裥的选用是由造型要求决定的。不管是男式的还是女式的,其袖口总是装在袖头上的。因此,袖口的大小应根据袖头的长短来确定。设袖头的长短为 x,则袖口大小的计算方法为 x + 总裥量。如果袖头长短的计算公式为:$x = 0.2$ 胸围 + 1 厘米 + 2 × 1.5 厘米(叠门)= 0.2 胸围 + 4 厘米,则袖口大小的计算公式相应地变成为:0.2 胸围 + 4 厘米 + 总裥量。如是对折制图,其计算公式为:0.1 胸围 + 2 厘米 + 1/2 总裥量。如果是剑头袖叉,则袖口应比普通袖叉的袖口小 1 厘米。

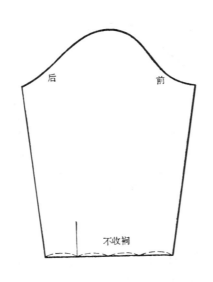

图　42-1

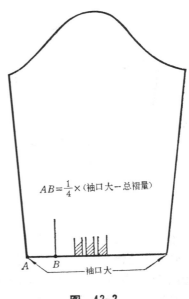

$$AB = \frac{1}{4} \times (袖口大 - 总褶量)$$

图　42-2

42. 衬衫袖口的开叉位置是怎样确定的？

一般地说，成型后的袖口的开叉位置落在手臂的外弯线上是比较理想的。那么，在制图时，应该怎样确定衬衫袖口的开叉位置。

假设袖口不收裥，则此时的开叉位置应定在袖口的四分之一上，如图42-1所示。如袖口收碎裥，则其开叉位置也同样在袖口的四分之一上。因为碎裥在整个袖口上是均匀分布的。

袖口折裥往往安插在不收裥时的袖口四分之二的位置上，当安插进去的裥一经收掉后，袖口立即恢复到不收裥时的状态。它的开叉位置必然与不收裥时的位置一样。因此，收裥时的袖口开叉位置应在不开叉时的袖口中四分之一处，表示成计算式为： $AB = \frac{1}{4}x$ （收裥的袖口大－总裥量），如图42-2所示。

43. 为什么男衬衫的短袖口是呈直线形的，而女衬衫的短袖口是呈弧线形的？

按基本要求，袖底缝拼接后，袖口应能处处圆顺。但要做到这一点并非易事。只有在制图时改变袖底线或袖口线的形状，才能达到这种效果。

一般地说，袖底缝向内的斜度越大，则其与袖口线的夹角越大于90度，从而越容易使袖底缝处的袖口产生凹角，如图43-1所示。此时，如果将袖口处理成圆弧形，则袖口的凹角就可消失。

由于男衬衫的袖底缝斜度不大（原因是袖口较大），**所以袖口总是呈直线形的，有时可使袖底缝略带些弧形，以保证其与袖口构成直角**，如图43-2所示。

由于女衬衫的袖底缝斜度较大（原因是袖口较小），所以袖口总是呈弧线形的，以保证其与袖底缝的夹角为90度。

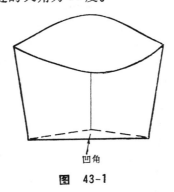

图 43-1

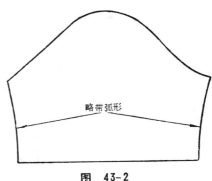

略带弧形

图 43-2

44. 为什么男衬衫袖的袖开深比一般的要浅？

根据传统的习惯，男衬衫袖的袖开深向来是很浅的，最浅时只有1/10胸围－3厘米。近几年来，由于要考虑到袖的外观效果，才将其袖开深提高到1/10胸围左右。尽管如此，与其它上装的袖开深相比较，还是要浅得多。这是什么原因呢？

众所周知，纤维织物一遇到表面带有水分的物体，立即会产生一种与该物体紧紧相粘合的表面附着力。由于衬衫在穿着层次上是处在里层的，并与人体手臂直接接触，因此，当手臂活动时，袖对手臂会产生一定的磨擦阻力。尤其是盛夏季，手臂表面不再象冬季或春秋季那样滑爽，而常处于略微湿润的状态中（汗液排泄之故）。这样，使袖对手臂的磨擦阻力更为增强，从而使袖对手臂的牵制更为强烈。

试想，如果将衬衫袖的袖开深挖得深一点，不就会使本来就已受到牵制的手臂活动更加艰难吗？因为袖开深加大，其袖壮必然会相应地变小。由于手臂活动余地的减少而使得这种手臂牵制愈加强烈。况且，制做衬衫的面料织物，常缺乏一定的延伸性。这又是一个使手臂活动受到限制的客观原因。

综上所述，凡是夏季服装（弹性面料的服装除外）的袖，其袖开深都不宜太深。最好在不影响袖壮外观效果的情况下，尽可能地浅一些。既然如此，那么，现在女衬衫袖的袖开深为何还比男衬衫的深？这除了女衬衫强调袖的外观效果的原因之外，还有一个不可忽视的原因就是女性的运动量及其手臂的活动幅度均不如男性的。因此，男衬衫袖的袖开深要比一般的袖开深开浅一些，男衬衫袖的袖开深开深一些也是可以的，只是在选定时，考虑的角度及侧重面不同。

45. 为什么绝大多数的衬衫袖是一片式的？

这是由造型要求、穿着功能、缝制效率等因素决定的。归纳一下，大体有以下三个原因。

① 衬衫的曲面形要求不高，尤其是袖筒曲面不需要象手臂那样具有弯曲度，故不必在袖里、外弯线邻近处断开。

② 袖底缝与摆缝处在同一连续线上，能大大提高缝制效率，故有了袖底缝后，不必再在其它部位断开。

③ 在穿着时，衬衫一般与手臂是直接接触的，因此，缝子的存在无疑会加重袖对手臂的磨擦感。为了减小袖对手臂的磨擦，尽量使袖缝减少到最低限度。

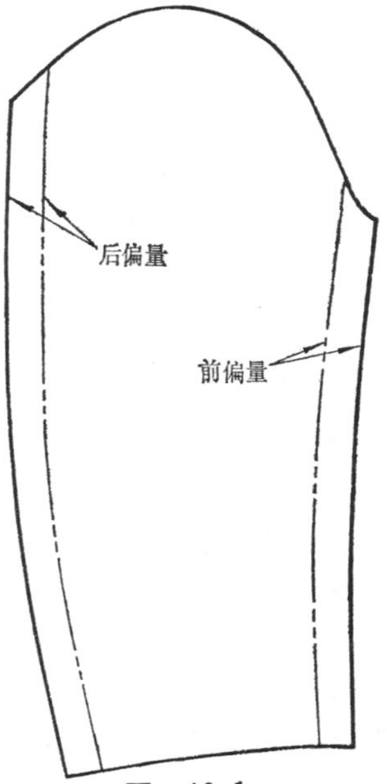

46. 二片式袖为何要有前偏量或后偏量？

大小袖片的拼缝为何不放在与手臂里、外弯线相对应的位置上，而要偏离里、外弯线一定的距离（偏离里弯线的距离称前偏量，偏离外弯线的距离称后偏量，如图46-1所示），其目的是为了不使袖拼缝过分醒目。当然，偏离的同时还必须考虑袖的弯势形状。如果成型后的袖具有里、外弯势，则偏离量不宜太大。否则，即使采用了工艺归拔，也是很难取得这种效果的。一般前偏量总是控制在3厘米左右，后偏量控制在1.5厘米至3厘米之间。当然利用收肘省或袖口裥，也能解决袖子的外弯势问题。但此时的后偏量可放宽到3厘米以上。如果成型后，袖的外弯线呈直线形，不具有弯势，则偏离的距离可以达到最大值。一片

图 46-1

后偏量

前偏量

式袖的情况就是如此。

根据传统习惯,男装袖一般(仅在上部)有较小的后偏量,而女装的袖大多有后偏量。

47. 平面制图中的袖长是否与测量中的袖长绝对一致呢?

在无特殊情况下,二者是一致的,但在有些情况下,前者必须大于后者。否则,成型后的袖的长度将小于实际的测量长度。这是由下列五个因素所造成的。

① 垫肩的因素 垫肩的厚度越大,则袖长所增加的长度也越大。因此,制图中的袖长约为:测量长度+垫肩厚度。

② 穿着层次厚度的因素 穿着层次的厚度就是指该件上装里面穿的所有内、外衣累计的厚度,显然,此厚度越大,则袖长所增加的长度也越大,因此,制图中的袖长约为:测量长度+穿着层次的厚度。

③ 袖山头收缩的因素 袖山头隆起的高度越高,则袖长所增加的长度也越大。因此,制图中的袖长约为:测量长度+4×收缩量。

④ 袖口收碎裥的因素 碎裥的收缩量越大,则袖口鼓起的程度也越大,从而袖长所增加的长度也越大。因此,制图中的袖长约为:测量长度+0.2×碎裥量。

⑤ 面料缩水率的因素 假设缩水率为 K,K 越大,则袖长所增加的长度也越大。因此,制图中的袖长约为:测量长度+K×测量长度。

上面所考虑的因素都是相互独立的,如在两个以上因素同时出现时,那么,制图中的袖长应为:测量长度+n个因素所增长度。其中,n 为 2、3、4、5。

值得一提的是以上②、③、④、⑤的结论对于腰节长问题同样适用,如腰围处收碎裥的连衣裙,为什么在平面制图中的腰节长要长于测量中的腰节长等类问题,都可以根据上述的结论予以完美解释。

48. 为什么有些泡泡袖的袖山头隆不起来?

泡泡袖是指袖山头收裥的一种袖子。它的袖山头弧线总长应等于袖笼弧线总长与总裥量之和。

任何一种服装分解图,除了数量上要准确外,还必须保证其形状的合理,这是最基本的分解原则。因此,对于泡泡袖,除了袖山头弧线总长要满足数量要求外,还必须保证袖山头形状的合理,才能使其袖山头高高地隆起。而袖山头形状的合理与否主要反映在裥的形状上面。

从理论上讲,袖山头要想隆起来,其裥只能收成锥形的,如图 48-1 中的阴影部分。现分析如下:

从图 48-1 可清楚地看到,当袖山头中的几个锥形裥收拢后,b 山头线以上的原月亮形将向相反的方向变化。这种变化的幅度由 b 山头至 a 山头的距离决定。当 c 山头至 a 山头的距离一定时,裥尖落在 b 山头中的泡泡袖将隆起到最大限度,同时,厚度将达到最小;裥尖落在 a 山头中的泡泡袖将隆起到与肩端点平齐的水平位置,同时,厚度也将达到最大。其它情形则介于二者之间。

除了上述要求外,还应注意 c 山头线的具体形状,如图 48-2 所示,才能最终保证袖山头高高地隆起。

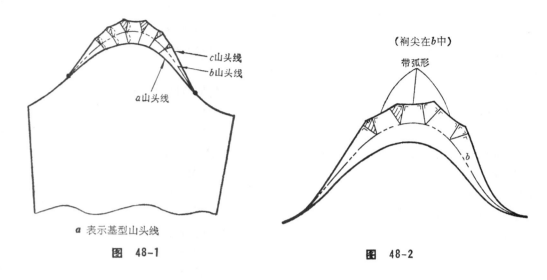

图 48-1　　　　　　　　　　　图 48-2

49. 圆装袖与套肩袖相比较,哪一种平面分解合理?

根据画法几何的性质,对任何一个几何体,两个曲面的交线是该几何体表面最理想的平面展开线。人体的腋围线可近似地看作是手臂表面与上身表面相交所得的 公 共 线（即 交线），因此,腋围线必定是人体表面最理想的平面展开线,反映在服装结构图中,就是衣身的袖笼线和袖山头弧线。这种服装的展开结构称为圆装袖结构。

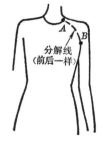

与此相比, 如果按图 49-1 所示的分解线作为人体表面的平面 展 开线, 则这种分解方法就不如前一种分解方法合理。因为, 在它的展开线中,$\overset{\frown}{AB}$（包括后背的一段）并不是两个曲面的交线。这种服装的展开结构称为套肩袖结构。

人们为什么选择圆装袖结构而不选择套肩袖结构作为上 装 的 基 型（或原型）,就是这个道理。

图 49-1

50. 圆装袖、套肩袖、冒肩袖能否有统一的制图方法?

众所周知·套肩袖、冒肩袖都是在以圆装袖为基型的基础上变化而来的。那么, 是否可以省略基型这一中间环节,直接绘划出套肩袖、冒肩袖的平面结构图呢?答案是肯定的。

从服装的造型角度来说,圆、套、冒这三种袖的造型是互不相联的,但从服装的分解角度来说,这三种袖都源于同一结构, 三者之间具有共同的变化规律。当分解线落在衣身上时,称套肩袖;当分解线落在袖上时,称冒肩袖;当分解线落在袖、衣身的分界线上时, 称圆装袖;如图 50-1 所示。

由于落在衣身上的分解线路不唯一,因此,套肩袖存在无数种形状,如图 50-2 所示。同样，冒肩袖也存在无数种形状。由此可见，从套肩形式的分解到冒肩形式的分解可以连续地变化。而圆装袖只不过是这整个连续变化过程中的一个特殊（临界）情形。因此，从一般意义上来说，圆、套、冒这三种袖都是连袖结构的特殊形式，如图50-3所示。如果连袖结构及它的变化规律搞清楚了，也就不难找到圆、套、冒这三种袖的统一制图方法。由第49题可知：圆装袖是所有袖中最合理的一种分解结构，因此，我们可以借用圆装袖的现成制图方法来推导连袖结构的制图方法。

　　我们已经知道，圆装袖的袖壮和袖开深的变化，主要是通过控制袖斜线的倾角体现出来的。由第39题的结论可以知道，袖斜线倾角的变化范围在0度至44度之间，如图39-2所示。如果依次将0度至44度的袖斜线倾角的前袖山头弧线最大程度地与前袖笼线重合，则会发现袖斜线始终密集分布在肩缝的垂直线左右，并以倾角33.7度的袖斜线作为分界线（即袖斜线基本与肩缝的垂直线重合），如图50-4所示。当倾角大于33.7度时，袖斜线落在分界线里侧，当倾角小于33.7度时，袖斜线落在分界线外侧，如图50-5所示。当袖斜线倾角为44度时，则前袖中线的倾角约为46度，因此，前袖中线倾角的变化范围在0度至46度之间。由于袖总是向前偏斜的。由第31题可以知道，袖偏角约7度，现取5.5度。反映在连袖结构中，前袖中线倾角的变化范围在5.5度至46度之间，后袖中线的倾角范围在负5.5度至正35度之间。两者的倾角差值为11度，如图50-6所示。具体制图时可用两直角边的比值取代角度。

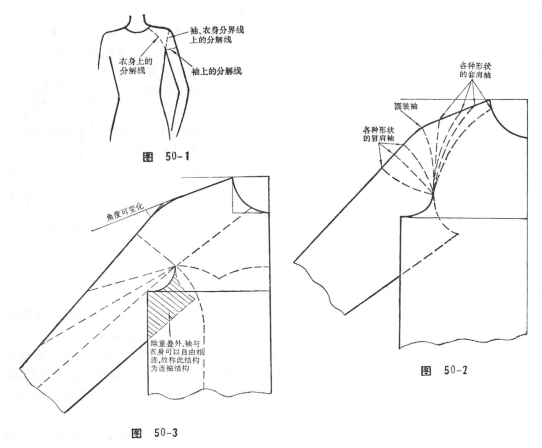

图　50-1

图　50-2

图　50-3

下面，我们介绍连袖结构的制图方法，当然也是圆、套、冒肩袖的统一制图方法，如图 50-7 所示，图中只选择了三条特殊的分解线路，对于任意的分解线路同样适用。这种方法特别适用于套肩袖和冒肩袖之类的结构。由于圆装袖是一种具有唯一分解线路的特殊结构，其本身已有一套较完美的独立制图方法，故可不必采用此方法。

最后请读者注意以下五个问题。

① 图中没有绘划出袖弯势，袖口也是由辅助线构成的，这主要是为了便于理解。读者在实际运用时，可根据弯势的程度，将前袖拼缝相应地向里凹一些，并使两头缩短一点（因为要拔长），再将后袖拼缝相应地向外凸一些，并使两头伸长一点（因为要归拢）。

② 图中的袖是一片式的。对于多片式袖可在一片式袖的基础上推出。

③ 图中的①、②、③……等数字表示各线条的绘划顺序。

④ 图中的袖壮是根据前袖中线倾斜度的大小来确定的。如果一定要先确定袖壮，则

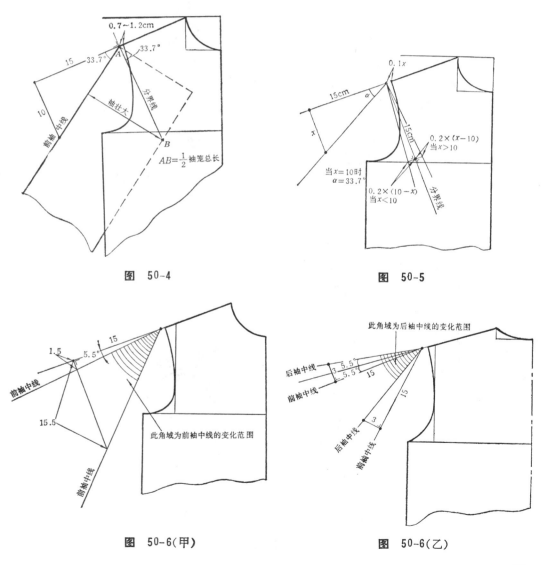

图 50-4

图 50-5

图 50-6(甲)

图 50-6(乙)

可将制图顺序调整一下。

⑤　上面介绍的是袖与衣身连在一起的制图方法,这给具体绘划带来一定的麻烦,尤其是袖下部处的绘划。为此,可以按照平面几何的思路将袖子脱离于衣身而独立绘划,如图50-8所示。

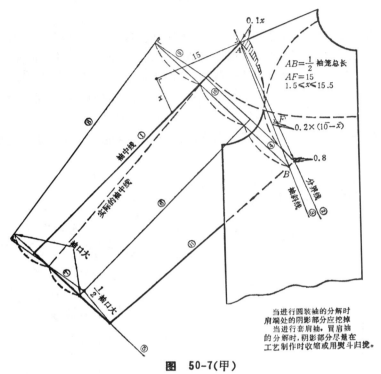

图　50-7(甲)

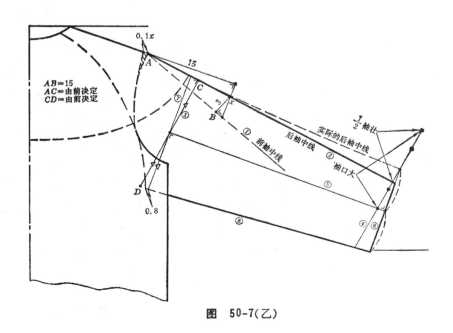

图　50-7(乙)

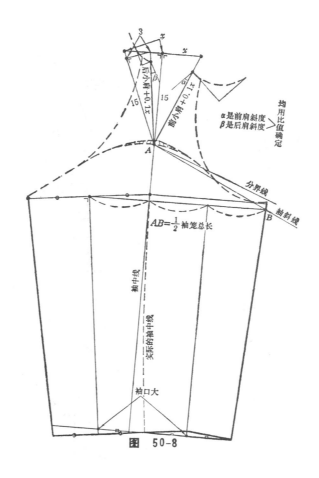

图 50-8

51. 连袖衫的腋下拼角是怎样确定的?

由第 50 题的分析可以知道,腋下拼角式的连袖衫也是连袖结构的特殊情形。图 51-1 所示的阴影部分是袖子和衣身的公共部分,显然,不可能在同一平面的同一部位上取得两层布料,而只有靠腋下拼角才能取得两层布料。如果要保证衣身的完整性,则袖子必须要拼角。如果要保证袖子的完整性,则衣身必须要拼角。由于衣身处的拼角要比袖身处的拼角显露得更为严重,所以,腋下拼角往往放在袖身上,或两者各留一半拼角。为了要最大限度地降低腋下拼角的显露程度,一般可采取以下三个措施。

① 袖中线倾角不能太大,否则,阴影部分会向袖中线及袖口方向靠拢,如图 51-2 所示,以致使袖身处的拼角显露得更为严重。

② 袖笼适当开深且凹势明显减小,如图 51-3 所示。

③ 将袖与衣身的转折点适当向下和向外移动,如图 51-4 所示。

连袖衫的前袖中线倾角一般在 5.5 度至 33.7 度的范围内变化, 前、后袖中线的倾角差与连袖结构的一样,仍为 11 度。

如果腋下拼角全部放在袖身处,则衣身与袖身的重叠部分显然是腋下拼角的实际形状。如果衣身和袖身各留一半腋下拼角,可将如图51-1 中的两段弧线 $\overset{\frown}{AC}$ 和 $\overset{\frown}{AB}$ 变直,以使两个拼角相连,如图51-5 所示。后衣身腋下拼角的取法可仿照前衣身。

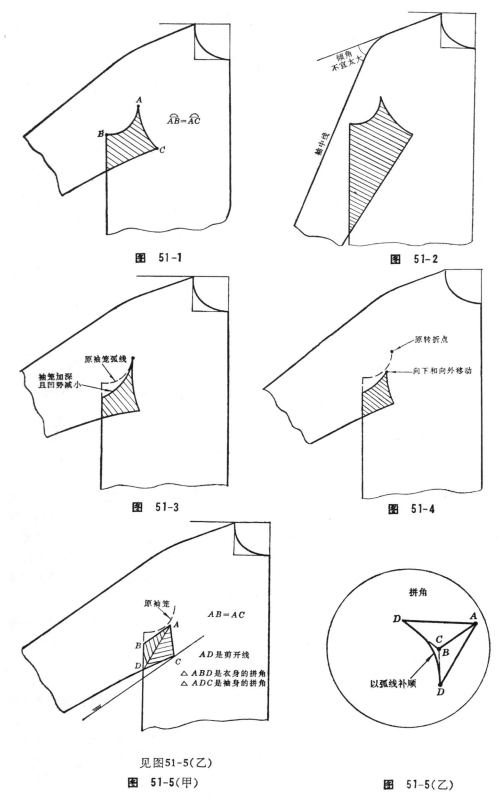

$\overgroup{AB} = \overgroup{AC}$

图 51-1

倾角
不宜太大

袖中线

图 51-2

原袖笼弧线

袖笼加深
且凹势减小

图 51-3

原转折点

向下和向外移动

图 51-4

原袖笼

$AB = AC$

AD 是剪开线

△ ABD 是衣身的拼角

△ ADC 是袖身的拼角

见图51-5(乙)

图 51-5(甲)

拼角

以弧线补顺

图 51-5(乙)

52. 袖肘省的省量为何不能任意给定？

袖肘省是为了形成袖外弯势而设置的。因此，有人认为，肘省量越大，则外弯势越大；反之，外弯势越小。其实，在实际制图时，总是先确定外弯势的大小，再相应地确定袖肘省的省量。否则就会本末倒置。这与先有腰围尺寸，再确定腰省的省量是一样的道理。

从理论上讲，袖子的外弯势一旦确定后，其肘省的省量也就唯一地被确定，既不能放大，又不能缩小，如图52-1所示。假如，先任意给定一个肘省的省量，此时，虽然袖子的外弯势也能唯一地被确定，但这外弯势的大小是盲目选定的。只有在肘省收掉后才能直观地看到。况且，有时还会出现因收省而产生袖拼缝凸凹现象，如图52-2所示。

从图52-1还可以看到，袖肘省的省量是由袖壮、袖长、袖口三个因素共同决定的。当袖壮、袖长、袖口都具体确定后，肘省的省量随之也就确定下来。其中某一个因素的变化都会引起肘省省量的变化。由于在实际制图时，袖壮、袖长、袖口都是确定的，因此，袖肘省的省量是不能任意给定的。

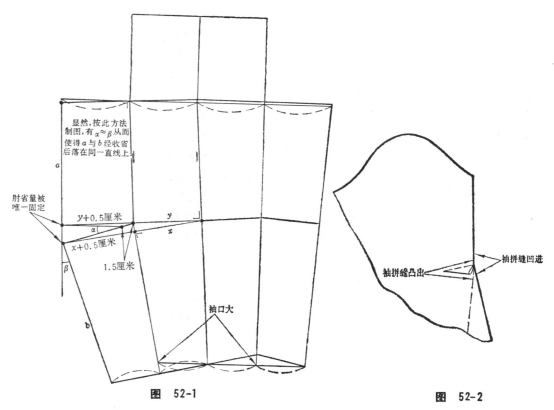

图 52-1   图 52-2

53. 在胸围相同的情况下，为什么冬季服装的袖笼要大于春、秋季服装的袖笼，而春、秋季服装的袖笼又要大于夏季服装的袖笼？

翻阅众多的裁剪书，都可得到这样的结论：在计算袖笼深的公式"$KB+C$"中（B表示胸围，K 为比例系数，C 为常数），冬季服装的 C 要比春、秋季服装的 C 大，而春、秋季服装的 C 又要比夏季服装的大。这相当于冬季服装的袖笼比春秋季服装的袖笼大，而春、秋季服装的袖笼要比夏季服装的袖笼大。针对这个问题，略作如下的定量分析。

内部穿着层次较多的是冬季服装，内部穿着层次较少的是春、秋季服装，内部穿着层次不存在的是夏季服装，这样的说法是笼统而含糊的。因它没有定量地反映客观事物的本质。实际上，不管什么季节的服装，相同胸围下的袖笼大小最终与人体穿着层次的厚薄有关。

假设人体的净胸围为 B^0，成品胸围为 B，净腋围为 N^0，成品腋围（即袖笼大）为 N，穿着层次的厚度为 x。当 x 为 0 时，上装穿在人体上的胸部、腋部都有一定的空隙量，如图53-1所示。图中，成品胸围与净腋围的间隔称胸围空隙量，并设其为 m，其计算式为：$m = \dfrac{B - B^0}{2\pi}$；成品腋围与净腋围的间隔称腋围空隙量，设其为 n，显然，胸围空隙量 m 必定大于腋围空隙量 n，其计算式为：$n = \dfrac{N - N^0}{2\pi}$。按照一般夏季服装的制图结果，腋围空隙量约为胸围空隙量的 0.385 倍，即 $\dfrac{N - N^0}{2\pi} = 0.385 \times \left(\dfrac{B - B^0}{2\pi} \right)$，整理后变成 $(N - N^0) = 0.385(B - B^0)$。也就是说，腋围放松量是胸围放松量的 0.385 倍。如果胸围放松量 $(B - B^0) = 12$（厘米），则腋围放松量 $(N - N^0) = 0.385 \times 12 = 4.62$（厘米）。在穿着层次的厚度 x 为 0 的条件下，这点放松量基本上能保证腋部的自由运动。当穿着层次为一件羊毛衫时，则其厚度 x 约为 0.32 厘米，则将其套在净胸围上后必然使胸围放松量减少 $2\pi x = 2 \times 3.14 \times 0.32 \approx 2$（厘米），而剩下的为 $12 - 2 = 10$（厘米）。同时使腋围放松量也减少 $2\pi x = 2$（厘米），而剩下 $4.62 - 2 = 2.62$（厘米）。由此可见，胸围所剩下的 10 厘米放松量还有一定的胸部活动余地，而腋围所剩下的 2.62 厘米放松量几乎小于腋部活动的最小余地（对于无弹力的面料，腋围的最小放松量应为 3 厘米）。其中，还不考虑由于缝头的竖起而引起成品腋围变小的因素（有衬头的服装尤为明显）。要解决这一问题，必须先将前、后身的袖笼开深，以求得腋围放松量的增大，以满足穿着层次的增加。这就是春秋季服装的袖笼大于夏季服装的袖笼的原因所在。

如果胸围放松量 $(B - B^0) = 28$（厘米），再将上面的一件羊毛衫考虑进去，此时胸围的有效放松量应是 $[B - (B^0 + 2)] = 26$（厘米），腋围的有效放松量应是 $0.38 \times 26 \approx 10$（厘米）。当穿着层次又增加了两件厚绒线衫，其厚度为 $2x = 2 \times 0.64 = 1.28$（厘米）时，则将其套在羊毛衫外后必然会使胸围的有效放松量减少 $2\pi \times 1.28 \approx 8$（厘米），而剩下 $26 - 8 = 18$（厘米）。同时使腋围的有效放松量减少 8 厘米，而剩下 2 厘米。显然这 2 厘米的有效放松量无法满足

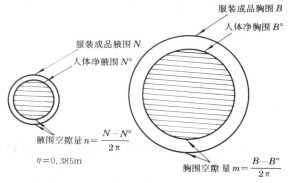

图 53-1

腋部的自由运动。要解决这个问题也只有先将前、后身的袖笼开深，以求得腋围有效放松量的增大。这就是冬季服装的袖笼大于春、秋季服装的袖笼的原因所在。

根据上述分析方法，我们还可以推出袖壮、袖口、领围、裤笼门、横档、脚口等一类围度部位都具有类似于腋围一样的特性的结论。

54. 为什么袖笼在肩缝点的切线与前肩缝夹角应小于 90 度？而与后肩缝的夹角应大于90 度？

许多裁剪书上都指出袖笼在肩缝点的切线与前、后肩缝都必须保持直角即 90 度角，如图 54-1 所示。一般来说，这是无可否定的。但严格地说，这样的处理还不尽完美。因为，首先是人体的手臂在腋围处向前运动的机会要远远地多于向后运动的机会；其次，是人体背阔总是大于胸阔，从而使腋围线上半部所在的平面略向前偏斜。所以，我们有理由断定，袖笼在肩缝点的切线与前、后肩缝的夹角分别小于 90 度和大于 90 度。根据大量的实践证明，该切线与前肩缝保持 85 度、与后肩缝保持 95 度为最恰当，如图 54-2 所示。这种处理方法对于结构严谨的上装尤其适用。

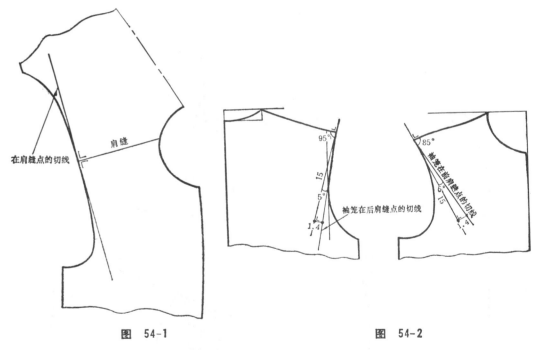

图 54-1　　　　　　　　　　　图 54-2

55. 袖笼弧线可否用几何的方法绘划出来？

与领圈绘划的方法一样，袖笼弧线通常是依靠几个有限的点连结出来的，在连结过程中，纯粹是凭目测或用曲线尺来控制袖笼弧线的圆顺程度的。这对于有经验的裁缝师来说，是用之有余的好方法，而对于从事服装结构设计的人来说，就不能以此为满足了。为此，笔者曾作了一些探索和研究，初步找到了袖笼弧线的一些绘划方法。现将此方法介绍如下。

① 四分法结构的袖笼弧线(如摆缝与叠门线平行),绘划方法如图55-1所示。
② 四分法结构的袖笼弧线(如摆缝与叠门线不平行),绘划方法如图55-2所示。
③ 三分法结构的袖笼弧线其绘划方法如图55-3所示。

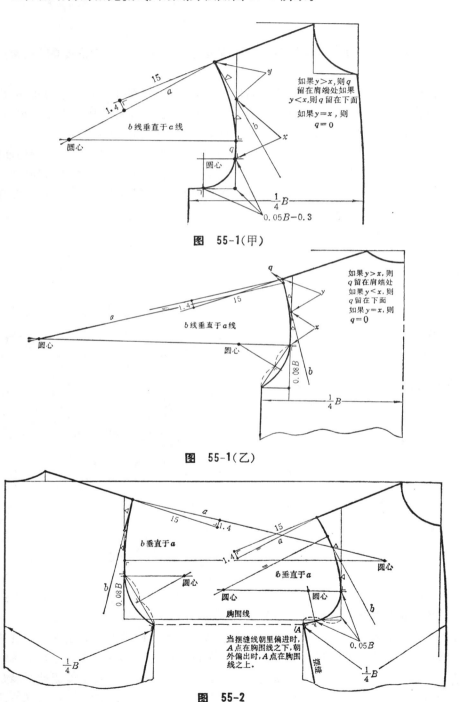

图 55-1(甲)

图 55-1(乙)

图 55-2

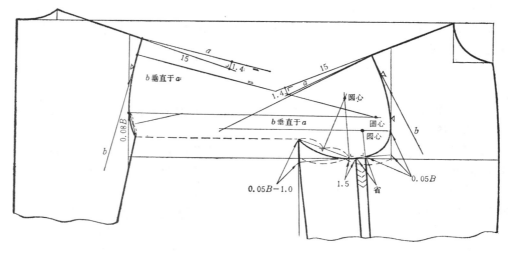

图　55-3

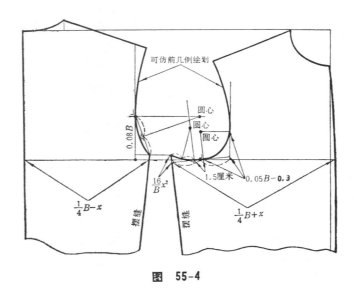

图　55-4

④　一般形式的袖笼弧线,其绘划方法如图 55-4 所示。

不难看出,图 55-1 是图 55-2 的特殊情形,而前三个图又是最后一个图的特殊情形。可见,这种袖笼的绘划法是非常严密的。不过,在实际绘划时并不要求都按此方法进行。这种方法主要用在制作服装样板、服装教学、计算机程序的编制、理论研究等领域中。

56.　怎样计算袖笼的总长度?

有了第 55 题袖笼绘划的一般方法后,袖笼总长度的计算就能轻易地得到解决。因为这些袖笼都是由直线和圆上的弧线所构成的。因此,我们就可以利用圆的许多现成性质和结论来推算袖笼长度。由于推算过程中需要牵涉到许多的平面几何知识,且又叙述不方便,故在此将它省略了。这里仅介绍它的计算公式:

袖笼总长＝前袖笼深＋后袖笼深＋袖笼宽－0.03B－1.2厘米。其中 B 为胸围。

上述公式的计算误差在 0.5 厘米之内。当然它必须以第 55 题介绍的方法所绘划出来的袖笼或与之相接近的袖笼为前提。

57. 为什么瘦弱者与肥胖者的袖斜线最大倾角有大小之别?同样,穿着层次的厚薄也具有这种大小之别呢?

在回答这个问题之前,让我们先来观察一下如图 57-1 所示的正常人体手臂的自然状态,由图中可知,在腋深点下面的一小段区域内,手臂紧紧地靠在胸部的侧面上。试想,如果在这个正常人体的表面均匀地增加一层肌肉(或脂肪),那么,手臂与胸部侧面之间将多出两层新增加的肌肉(或脂肪)。由于手臂与胸部之间,容纳不了这两层新增加的肌肉(或脂肪),因此,只有以腋深点为轴点将手臂从体侧面方向向外适当旋转一下,以便让手臂与胸部之间留出一定的空隙,以满足肌肉的增加。当手臂向外旋转后,发现其主母线与肩缝线的延长线间夹角α变小。并且人体表面所增加的一层肌肉越厚,则夹角 α 变得越小。所以,那些肥胖者或举重、健美运动员的手臂总是向外偏斜的。与此相反,对于瘦弱者,则相当于其表面均匀地减少了一层肌肉(或脂肪),因此,其手臂主母线与肩缝延长线的夹角 α 反而变大。这个α的大小反映在袖的平面结构上,就相当于袖斜线倾角的大小,如图 57-2 所示。α 越大,则袖斜线倾角也越大;α 越小,则袖斜线倾角也越小。由此可以推断出,肥胖者 (或肌肉发达者)的袖斜线最大倾角必然小于瘦弱者的袖斜线最大倾角。

同样道理,穿着层次厚的袖斜线最大倾角将小于穿着层次薄的袖斜线最大倾角。

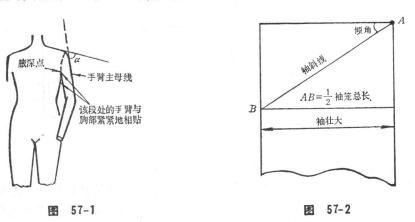

图 57-1   图 57-2

58. 夏季女无袖衫的袖笼深如何确定?

制作无袖衫有一个要求,就是袖笼深浅既不能太浅又不能太深,要恰到好处,这样能保证成型后的袖笼贴住身体。太浅会卡住腋部使人难受,太深则不太雅观(暴露式服装例外)。

袖笼深浅一般是根据服装的成品胸围来推算的,而成品胸围中包含了胸围的放松量。对某一个具体的人来说,其不深不浅的袖笼深浅应该是唯一的。它不受任何可变因素的影响而有所上、下波动,只与固定因素——净胸围成线性关系。由于胸围放松量是个变化幅度较大的可变量,因此,用服装成品胸围来推算袖笼的深浅是不可靠的。况且,各个人的胸围放松量是不一样的。另外由于胸宽线可以任意变化,如图58-1所示。所以,胸宽线本身也是一个可变量。

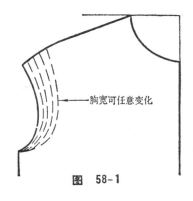

图　58-1

那么,怎样才能使袖笼的深浅达到不深不浅的程度呢?其实,只要知道净臂围与净胸围之间的比例关系,两者的近似比例关系约为:净臂围 $= 0.3B^0$(净胸围)$+1.0$ 厘米,或由测量所得到净臂围值,就能轻而易举地解决这个问题,如图58-2所示。

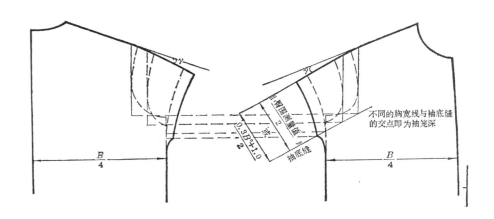

图　58-2

59. 特宽、特窄肩头的袖笼应怎样绘划?

这里所说的特宽和特窄肩头是指肩端点离胸宽线的距离远偏离于正常肩头时的二种情况,如图59-1所示。在实际情况中,特窄肩头较多见,如肥胖者的肩头就属这一类情况, 相比之下,特宽肩头却比较少见,如胸窄肩平者就属于这一类。那么, 这两种情况下的袖笼应该怎样绘划呢?这是很多人经常关心的问题。

其实,特窄肩头的袖笼绘划还是比较容易的。只要将胸宽线以胸宽点为定点顺时针旋转一下,使其与肩端点离开一定的距离,然后,绘划出袖笼弧线,如图59-2所示。

特宽肩头的袖笼绘划比较麻烦一点。因为它的袖笼形状与常见的袖笼形状不一样, 呈 S 形。当肩端点的肩缝垂线与胸宽线的交点越靠近袖笼深线时, 这 S 形就越显著。一般地说,当肩端点的肩缝垂线与胸宽线的交点落在胸宽点上时,袖笼形状则将处于临界状态。当交点在胸宽点以上时,袖笼即为正常袖笼。当交点在胸宽点以下时,袖笼就是 S 形袖笼。越往下移(肩端点离开胸宽线越远),S 形越显著。其绘划方法见图59-3所示。也许有人对袖笼 S 形不理解,其实,这可从截平面与圆柱体的各组关系中寻找答案,如图59-4所示。

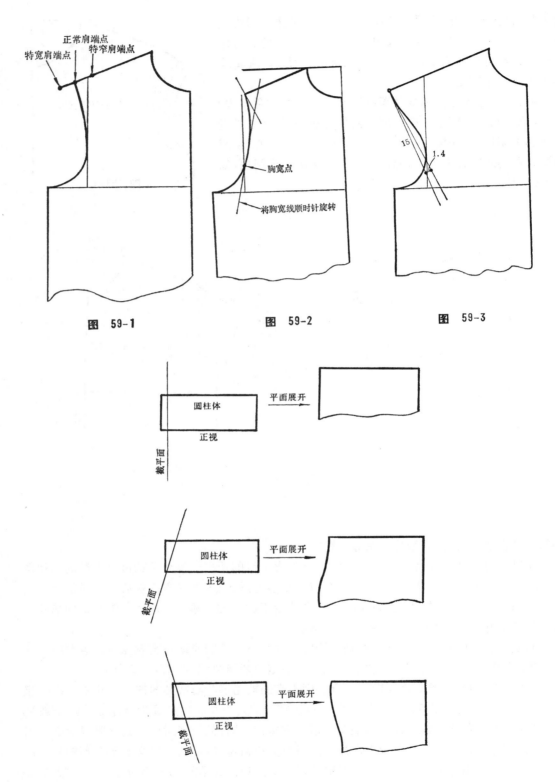

图 59-1　　　　　图 59-2　　　　　图 59-3

图 59-4

60. 任意倾斜度的肩缝,其袖笼应怎样绘划?同时,由于袖笼的增长,袖壮及袖开深应作何相应变动?

我们所说的任意倾斜度,是在肩斜度小于正常肩斜度的一段范围内,如图60-1所示。显而易见,肩斜度越小时,其肩端点的肩缝垂线与胸宽线的交点越往下移,甚至无交点。由第59题的分析,我们可以推出,肩斜度越小(即肩缝越平),其袖笼的 S 形越显著,绘划方法见图60-2所示。这道理与第59题解释的一样,如图59-4所示。

由于袖笼深不变(胸围不变),因此,肩斜度变小时,其袖笼必定增大。而袖笼增大,则袖山头弧线必然也将随之增大,它的增大当然离不开袖壮与袖开深的变动。如果袖山头弧线的增大,全部由袖壮的变动所引起,则袖壮将显得太大(当袖笼的增长达到足够大时),这样将严重影响袖的外观效果(宽松型例外)。如果袖山头弧线的增长,全部由袖开深的变动所引起,则袖开深将超过极限状态(当袖笼的增长达到足够大时),这样的袖显然失去了存在的意义。最合理的方法是袖壮与袖开深同步变动。首先确定袖斜线的倾角大小(利用比值方法确定),然后在该倾角的袖斜线上以 1/2 × 新的袖笼总长确定唯一的一点,由该点引出的一组垂直线即为袖开深线和袖壮大线,如图60-3所示。

综上所述,我们还可以得到如下结论:当袖笼开得很深时,袖壮和袖开深也应作同步变动。

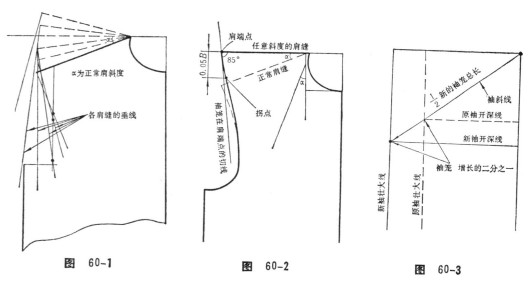

图 60-1   图 60-2   图 60-3

三、肩和衣身

61. 为什么说用两直角边的比值确定肩斜度要比用某一个肩端深的计算公式确定肩斜度合理？

确定肩斜度较常见的有两种方法。第一种是角度控制肩斜度；第二种是用 1/10 肩 + 定数或 1/20 胸 + 定数的计算方法来控制肩端深，从而达到控制肩斜度的目的。究竟哪一种方法合理，我们可先分析后回答。

对于基型（或厚型）上装来说，凡穿在人体上都有一个相同的穿着特征，那就是：人体的两肩膀与上装相应部位之间的间隔空隙基本为零。这是由于重力的作用和人体支撑力的作用，才使得人体和上装在肩膀处紧紧接触着。因此，不管上装的放松量多么大，只要不脱离基型上装的相似形态，都不会改变这种穿着特征。

这说明，上装的肩斜度与人体的肩斜度必须保持一致。并且上装肩斜度的确定与某胸围的大小、放松量的多少、款式的变化（不包括垫肩的作用）等因素都丝毫没有关系。从这个意义上来说，第一种角度控制肩斜度的方法是合理的。按此方法确定的肩斜度具有与人体一样的稳定性，而第二种计算方法则不太合理。至少，按此方法确定的肩斜度不具有稳定性。因为，它的肩斜度随时都有可能因胸围、肩阔、领围等因素的变化而变化，如图61-1所示。

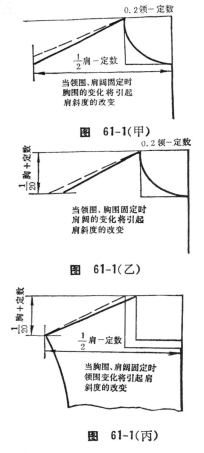

图　61-1（甲）

图　61-1（乙）

图　61-1（丙）

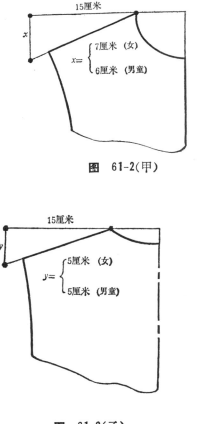

图　61-2（甲）

图　61-2（乙）

第一种方法虽然是合理的，但使用起来很不方便。因为在实际制图时，尤其在实物上面裁剪制图时，不可能全用量角器去定角度。

要解决这样的问题，最好的办法是用两直角边的比来确定肩斜度。因为它既具有与角度方法一样的合理性，又具有可使用一般直尺工具的方便性，如图61-2所示。因此，两直角边的比来确定肩斜度要比用计算方法确定肩斜度合理且方便得多。

62. 一般情况下的后肩缝为何要比前肩缝略长一些？

后肩缝比前肩缝长出的部分称后肩缝吃势，它的大小与面料的质地性能、省缝情况有关。一般地说，面料质地较松疏的，吃势应多一些；面料质地较紧密的，吃势应少一些；有后肩省或后覆势的，吃势应少一些；反之应多一些。一般控制在0.5厘米至1厘米之间，那么，这后肩缝吃势能起什么作用呢？

后肩缝吃势主要是用来通过后肩缝的收缩，使背部略微鼓起，以满足人体肩胛骨隆起及前肩部平挺的需要。其中，后肩缝收缩是通过两种途径得到解决的，即在缝纫时的皱缩或热熨斗的归拢。对于全毛面料或合体要求较高的上衣通常选择后一种途径，对一般的面料或合体要求不高的上衣通常选择前一种途径。

63. 后肩缝的斜度为何要小于前肩缝的斜度？

按照制图习惯，不管什么款式的服装，其后肩缝的斜度总是小于前肩缝的斜度，它们的肩斜差约为2度至5度之间（指正常范围）。其中女性的要比男性的大。为什么要存在这种肩斜差呢？这是由人体肩部形状的特征所决定的。

从俯视角度观察，人体的两肩端部具有向前弯曲的趋势，并呈一定的弓形状，并且肩部中央的厚度要远远地大于肩部两端的厚度。中央的厚度主要是因胸部的挺起而引起的，如图63-1所示。

如果我们在肩部厚度的中间处设置一条分解线（即公共肩缝），如图63-1所示。然后，将肩部的表面在平面上展开。此时一定会发现，展开图中的后肩缝斜度必定小于前肩缝斜度。当肩部中央的厚度与肩部两端的厚度之差为一定时，肩部的弓形状越显著，则前、后肩缝的斜度差也越大。女性的肩斜差大于男性的肩斜差，就是因为女性的肩部弓形状更为显著。反过来，当肩部弓形状为一定时，胸部越高，则前、后肩缝的斜度差也越大。这是女性的肩斜差大于男性的肩斜差的又一个原因。

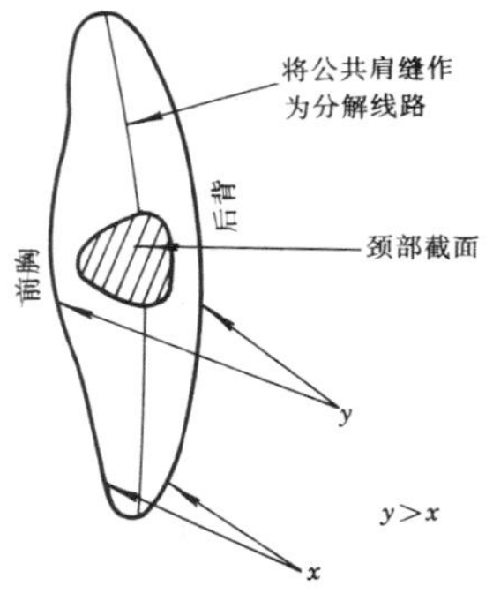

由上述分析可知，在制图中先确定肩斜差，无非是为了使成型后的服装肩缝能与人体肩部厚度的中央线完全重合。

肩部弓形所产生的肩斜差，仅仅是出于外观的考虑，与服装的结构无多大关系。因为无论肩斜差与实际偏离多远，只要前、后总的肩斜度不变就可以了。

有时为了使肩缝的条子对准，有意地将肩斜差定为零，即前后肩缝的斜度相等。甚至前

俯视图

将公共肩缝作为分解线路

颈部截面

y>x

图 63-1

后肩缝倒斜,当然增加后肩缝斜度是以减少前肩缝斜度为前提的。

　　欧洲国家的一些高级西装的肩缝都是向后偏斜的(颈肩点位置不变)。这除了对条容易外,更主要的是运用了视错原理。因为这样一来,从正面看,不再存在肩缝线的视觉干扰(斜方向),从而使得西装肩部更容易呈现水平状,以保证良好的穿着效果。

　　另外,劈门的大小也是引起前后肩斜差的一个不可忽视的原因,请参见第81题。

64. 为什么有些服装的前、后肩缝要分别呈外弧形和内弧形?它们与归拔工艺有何联系?

　　根据第63题的分析知道,人体肩部是呈弓形的。这种弓形状使得肩部厚度的中央线略带圆弧形。如以此中央线为分解线将肩部表面平面展开,则可得到如图64-1所示的前后肩缝分别呈外、内弧形的平面结构图。由此可见,前后肩缝的这种圆弧形处理纯粹是为了满足人体肩部呈弓形的需要。当然这种处理仅仅是一个条件而已。要完全符合肩部弓形的弯曲形状,还必须同时保证肩斜差的存在。

　　根据上面的结论,是否就此认为,所有款式的服装的前、后肩缝都必须呈外、内弧形?这要结合工艺制作方面的情况,才能确定肩缝线的具体形状。如果前后肩缝不作任何归拔工艺的处理,则前后肩缝可分别呈外、内弧形,且凹势相等,如图64-1所示。如果前肩缝处拔

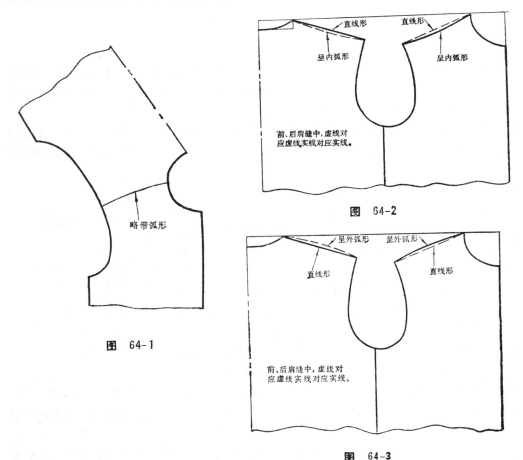

图　64-2

图　64-1

图　64-3

开,后肩缝处归拢,则有下面三种不同的处理方法：(a)如果拔开程度等于归拢程度,则前后肩缝都应划成直线状。因为,经过工艺归拔后,前后肩缝将会回复到外、内弧形的初始状态。(b)如果拔开程度大于归拢程度,则前肩缝略带内弧形,后肩缝划成直线,或前肩缝划成直线,后肩缝略带内弧形,如图64-2所示。(c)如果拔开程度小于归拢程度,则前肩缝略带外弧形,后肩缝划成直线形,或前肩缝划成直线形,后肩缝略带外弧形,如图64-3所示。这三种情况下的前、后肩缝在经过工艺归拔后也将回复到外、内弧形的初始状态。

65. 为什么有些童装的肩缝总要产生"后移"现象,冬装更为突出?

这种现象除了缝制工艺上的问题外,主要是制图上的不合理,即后领深不够。

现在的童装制图大多是将后领深控制在 1.3 厘米至 1.7 厘米之间,偶尔采用 $\frac{0.5}{10}$ 领围的计算方法。这对于儿童夏装或者净胸围较小的儿童可能还较适用,但对于儿童冬装或者净胸围较大的儿童就会暴露出很大的弊端。

前面几题中已经分析过,人体的肩膀具有一定的厚度。这种厚度将随着穿着层次的增加而愈增愈厚。童体也不例外。从某种方面上来说,童体的穿着层次往往多于成人的穿着层次,因而,童体肩膀的增厚幅度要大于成人肩膀的增厚幅度。当穿着层次的厚度为零时,在 1.3 厘米至 1.7 厘米之间所选定的后领深恰巧能使肩缝线落在肩部中央的位置上。以后随着穿着层次的增加,肩缝线将逐渐偏离中央的位置,即肩缝逐渐"后移"。如果我们在计算儿童冬装的后领深时,再适当加上一个穿着层次的厚度,就绝不会产生肩缝"后移"的弊病。这个道理对儿童的春秋装或成人服装同样适用。有时,成人冬装也会出现这种肩缝"后移"的弊病,肥胖的人更为明显。这都是由于没有考虑到穿着层次的厚度或脂肪所增加的厚度的缘故。另外,要注意在增加后领深的同时,还必须相应增加后横开领尺寸和前直开领尺寸。当后领深增加 x 时,后横开领应增加 $0.5x$,前直开领应增加 x,如图65-1所示。x 的具体值可按如下方法计算：$x = 0.1 \triangle B^0$

其中,$\triangle B^0$ 表示穿着层次所引起净胸围增加的尺寸。当穿着层次为单件羊毛衫时,$\triangle B^0$ 为 2 厘米;当穿着层次为单件厚绒线衫时,$\triangle B^0$ 为 4 厘米;当穿着层次为单件全夹上装(有胸衬)时,$\triangle B^0$ 为 4 厘米;当穿着层次为单件棉袄或滑雪衫时,$\triangle B^0$ 为 8 厘米;当穿着层次为多件数、多种类时,$\triangle B^0$ 可累计计算。

上述 x 的出现,必然会引起整个领圈的增长,因此,还必须相应增加领子的长度。

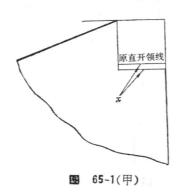

图 65-1(甲)

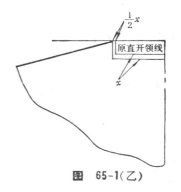

图 65-1(乙)

66. 为什么肩缝斜度要参考垫肩的高度而定?

一般地说,上装不装有垫肩时,其肩缝斜度应该与人体实际肩斜度相一致。随着垫肩的产生及其高度的逐渐增加,使得人体肩斜度趋向小的方向变化。

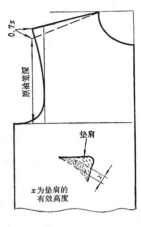

图 66-1

此时,如果再按原来的人体肩斜度确定上装的肩缝斜度,当然是不行的。而必须根据垫肩所增加的高度来推定新的肩缝斜度。假设垫肩的高度为 x,新的肩缝与原来肩缝在肩端处的距离为 y,那么,x 与 y 具有近似的正比例关系,即:$y=0.7x$。有了这个计算公式,我们就能轻易地确定新的肩缝斜度了,如图 66-1 所示。

这里必须指出,垫肩的高度应该是指它的有效高度。因为以棉花、腈纶、海绵等为原料的一类垫肩,在有重物压力和无重物压力两种情况下的高度是不一样的。在有重物压力下的垫肩高度就称为垫肩的有效高度。当然,这里所指的重物就是上装本身(包括内部的衬头、里子等)。

67. 要使成型后的服装肩头达到水平状态,那么,在结构制图中,肩斜线是否应与上平线平行?

如果我们仔细比较一下人体的实际肩端深与服装前、后身的平均肩端深,将会发现服装的平均肩端深要大于人体的实际肩端深。这说明,人体的实际肩斜度小于服装肩缝的平均肩斜度。为什么会出现这种情况呢?由第63题的分析可知,人体肩部中央的厚度要远大于肩部两端的厚度,如图63-1所示。正是由于这个原因,才使得人体在立体中的肩斜度小于其平面展开后在平面中的肩斜度(即服装肩缝的平均斜度)。由此我们可以推出,假如人体的肩形本来就是水平的,那么,人体在立体中的肩斜度(此时为零)必定小于其平面展开后在平面中的肩斜度(此时大于零)。反过来说,要使得服装肩部覆盖于人体水平肩部上后,具有

图 67-1(甲)

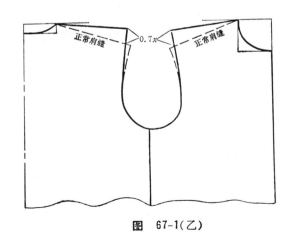

图 67-1(乙)

一致的肩斜度，那么，平面结构中的服装肩缝斜度必须大于零。反映在制图中，它与上平线存在一个夹角。这个夹角，我们称之为肩缝的临界斜度（平均的）。根据第68题的分析，不难确定前、后肩缝的临界斜度，如图67-1所示，图中的人体肩端深需经实际测量才能获得。

上述的水平肩头必须以安装垫肩为前提，否则，这水平肩头是登不起来的。

68. 肩缝斜度的变化会不会引起领圈形状的变化？

肩斜度的变化，必然引起袖笼和领圈弧线的变化，当变化幅度较大时，不作修正是错误的。

我们首先肯定，当前、后肩缝的斜度被认为是在标准状态时，前、后领圈经过肩缝处拼接后应是圆顺、光滑连接的。如果逐渐减小肩缝斜度，那么，前、后领圈在肩缝处将出现凹角。肩缝斜度变得越小，则这种凹角也越大。这是不符合光滑曲面在平面上展开的基本性质的。很明显，此时只有加大前、后领圈的弯势，才能消除这种弊病。

肩缝的斜度变化与领圈弯势的变化存在怎样的对应关系呢？以上只作了定性的说明，它们间定量关系可详见图68-1所示。

通过图上的方法介绍及前面有关问题的解释，我们将得出这样一个结论：结构线是一种动态的轨迹线，它的变化将遵循一定的几何规律，并且，各种结构线的形状是互相联系的。

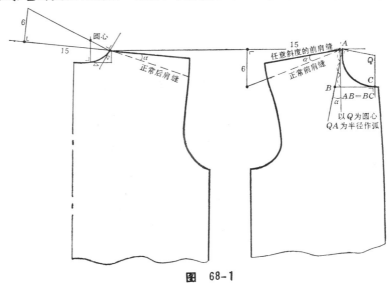

图 68-1

69. 在相同规格下，为什么平肩西装的肩阔在视觉上要比斜肩西装的肩阔稍阔一点呢？

这里所说的平肩与斜肩是彼此相对而言的。有人分别做了一件规格相同的平肩西装和斜肩西装，结果发现，平肩西装的肩阔在视觉上要比斜肩西装的肩阔稍阔一点。这是什么原因呢？我们认为主要有以下两个原因造成。

① 人体的肩膀具有一定的厚度，当西装的肩部覆盖在人体肩膀上时，是以人体肩斜线方向作为弯转轴的，如图69-1所示。从图中可以看到，人体肩斜度越大时，西装肩部弯转后

的肩端点离肩阔线越远；肩斜度越小时，西装肩部弯转后肩端点离肩阔线越近。由此可见，肩端点离肩阔线越近，则其肩阔必然会显得阔；反之，必然会显得窄。因此，平肩的显然要比斜肩的显得阔。

② 与人的视错觉有关。因为在同样阔度的情况下，水平线要比斜线更容易产生向两端扩展、延伸的视错感觉，如图69-2所示。因此，平肩要比斜肩更容易产生肩阔的感觉。

根据上述结论，如果使自己的平肩西装的肩阔不显得特别阔，则预先将肩阔尺寸减小一点，或在制图时有意将肩阔线向里偏进一点即可。

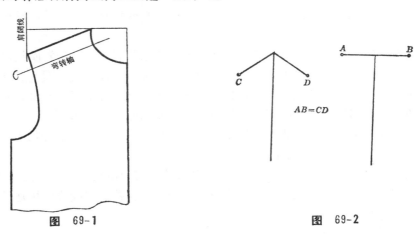

图 69-1　　　　　　　图 69-2

70. 鹅毛翘肩或前冲肩的平面结构图与一般肩的有什么不同？

鹅毛翘肩和前冲肩是指如图70-1所示的两种肩部造型。有人认为，鹅毛翘肩或前冲肩与一般的平肩一样，只要将肩垫做得高一点即可。其实，这是一种错误的认识。因为，鹅毛翘肩或前冲肩与一般的平肩不只是在高低上有区别，而且，在肩部表面形状上也有本质区别。从空间几何角度来说，前两者属于双曲面肩形，后者属于柱面肩形，它们的平面展开图形是完全不同的，如图70-2所示。

如果从纯结构方面来考虑鹅毛翘肩或前冲肩的成型效果，则图70-2中的甲、乙两个平面展开图形是合理的。但由于受到外观因素的限制，不得不将甲、乙两个图中的肩部断

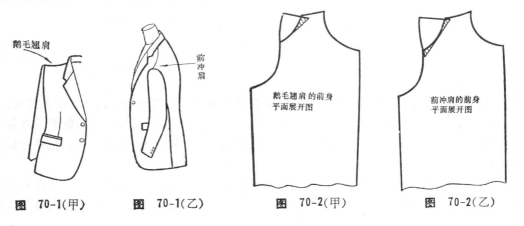

图 70-1(甲)　　图 70-1(乙)　　图 70-2(甲)　　图 70-2(乙)

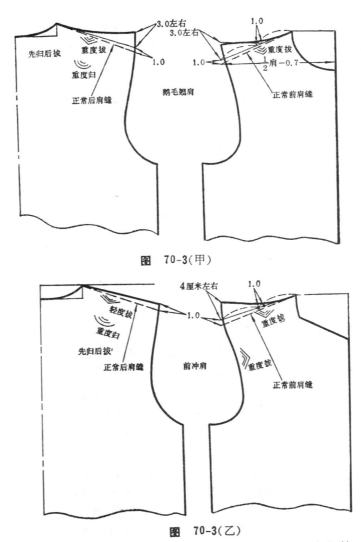

图 70-3（甲）

图 70-3（乙）

开线去掉。去掉后变成了如图 70-3 所示的两个平面结构图。这样的变化给工艺制作出了一个难题，难就难在将平面变成双曲面。显然，这只有通过工艺归拔才能解决。因此，制作鹅毛翘肩或前冲肩还必须考虑面料的可塑性。只有可塑性较好的面料，才适用于制作鹅毛翘肩或前冲肩。

71. 在一般情况下，肩背差为何要小于肩胸差？

肩背差是指后肩阔线与后背阔线之间的距离，肩胸差是指前肩阔线至前胸阔线之间的距离，如图 71-1 所示。

从前面一些问题的讨论中，我们已经初步了解到人体结构的某些特征。如在俯看时整个肩部呈弓形状，腋围的上半部所确定的平面略向前偏斜，背阔略大于胸阔；另外再加上手臂向前活动的幅度要大于向后活动的幅度等。所有这一切都自然地决定了服装胸围线以上部分的基本结构。而肩背差小于肩胸差只是其中的一个方面。肩背差与肩胸差之间的差值一般在 0.7 厘米至 3 厘米之间。如果胸部劈门越大,则差值也越大;如果胸部劈门为零,则差值几乎接近于零。如男衬衫就属于这种情况。因此,可间接地说,没有劈门的服装结构是不太完美的。

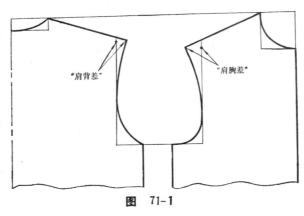

图　71-1

72.　上装的劈门是怎样产生的,意义何在?

劈门是服装行业中的俗语。它专指前中心线(即叠门线)上端偏进的量,俗称劈势。当劈尖落在胸围线的临近处时,则称胸劈门;当劈尖落在肚围线的临近处时,则称肚劈门,如图 72-1 所示。从人体的测绘角度来说,相同情况下的肚劈门要大于胸劈门。劈门的大小因人、因款式而异。胸劈门的取值一般在 0.7 厘米至 2.5 厘米之间,肚劈门的取值一般在 1.4 厘米至 6 厘米之间。那么,劈门到底是怎样产生的呢?其意义何在? 这需从分析体型着手。

众所周知,人体的胸(或肚)部表面,既不是柱面形,也不是球面形,而是一个无法取名但又有一定规则(对称性等)的几何曲面形,或者是一个柱面形、球面形、双曲面形等各种曲面形都兼而有之的综合曲面形。如果将此曲面在平面上展开,则其边缘一定会出现许多大小不等的锥形"空档",再将这些大小不等的锥形"空档"集中起来,就会变成两个相等的大锥形"空档"并分布在左右两侧。这个大锥形"空档"就被称之为服装的胸(或肚)省。将其放在肩缝处时就被称为肩省;将其放在领圈处时就被称为领省;将其放在前中心线处时, 就被称为胸(或肚)劈门,实际上就是胸(或肚)省,以此类推。不管放在哪一个部位,胸(或肚)省的目的都是为了使某区域的平面变成某区域的曲面,以更好地满足人体胸(或肚)部表面形状的需要。

上面所指的胸(或肚)省与通常所指的女装"胸省"是有本质区别的。严格地说,所谓的女装"胸省"应换成"乳峰省"更为确切。乳峰省的作用是为了解决乳峰的隆起,而不是胸部的抛起。因此,女装中的"胸省"具有特定的含义,胸(或肚)省却不然,无论是男装还是女装,甚至是童装中都存在这种最基本的胸(或肚)省。

在男装的应用中,胸省总是以劈势或劈门的形式出现的, 如图 72-1 所示。肚省总是借助胁省加肚省或劈门的形式出现的,如图 72-2 所示。在女装的应用中, 胸省既有以劈势或劈门的形式出现,也有以与乳峰省相融合的形式出现的,肚省则比较少见。

综上所述,我们可以知道,劈门实际上是一种胸(或肚)省,其作用是为了解决胸(或肚)部表面的抛起。

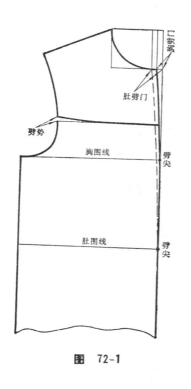

图 72-1

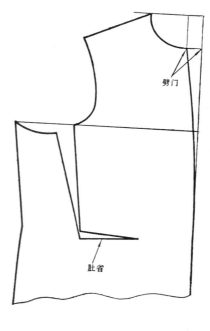

图 72-2

73. 对于同一个男性来说,为什么其西装的驳口交点越向下,则其劈门应越大?

一般的成年男性在自然站立时,前中心线自上而下呈斜坡形(略带有弧形)的。如果用一根铅垂线作为参考基准线,则即可发现,与铅垂线相接触的点并不在胸围线附近,而是在肚围线附近,如图73-1所示。与铅垂线相接触的点可看作是男性胸肚表面的斜坡顶点。西装的驳口交点在中心线中由上而下的任意变化,相当于它从中心线上的坡底处(领窝点)向坡顶处移动。并且,每当驳口交点向坡顶处(自胸围线开始)移动一点时,颈窝点与基准线(通过驳口交点)之间的距离也每增大一点,如图73-2所示。而这个增大的距离相当于西装在平面结构中的劈门。该距离越大,则劈门也越大。反之,则越小。由此可见,男西装驳口交点越向下移动,最终将导致劈门越大。

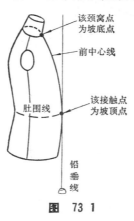

图 73-1

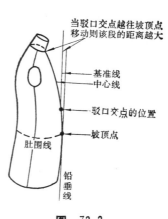

图 73-2

74. 为什么量划劈门的部位不同,横、直开领线的划法也不同?

量划劈门的部位不外乎有两个,即上平线部位和直开领线部,如图74-1所示。那么,相比较哪一种合理呢?

我们认为,合理与否并不取决于劈门的量划部位,而是与横、直开领线的划线有关,因为这将关系到领圈的尺寸是否受到影响。例如,在图74-1所示的量划部位都在上平线,但在横、直开领划法不同的两种方法中,甲图中的领圈具有良好的稳定性,不管劈门的大小如何,领圈尺寸丝毫不受影响。相比之下,乙图中的领圈却有一定的可变性,劈门越大,领圈尺寸也越易变化。由此可见,当劈门的量划部位在上平线上时,横开领线应与劈门线平行,直开领线应与横开领线垂直。图74-2所示的量划部位都在直开领线上,但在横直领线划法不同的两种方法中,甲图的领圈具有稳定性,而乙图的领圈不具有稳定性。由此可见,当劈门的量划部位在直开领线上时,横开领线应与上平线垂直,直开领线应与上平线平行。

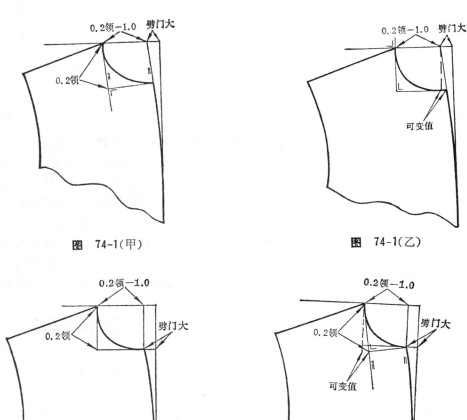

图 74-1(甲)　　　　　　　　　　图 74-1(乙)

图 74-2(甲)　　　　　　　　　　图 74-2(乙)

75. 为什么说上装结构的关键部位在胸围线之上?

一件合体的上装穿在人体上,除了放松量和长度要适中外,更重要的是应做到各部位平服,起伏自然,成型饱满。

凡不合体的上装除了其放松量和长度不适中外(宽松型例外),都存在着这样或那样的服装弊病。如门里襟的揽盖和豁开、两肩头的垂落、后领圈下起臃、肩缝后移等,这样的服装病例举不胜举。那么,为何会产生这些服装弊病呢?我们认为,这众多的服装弊病都可归结为胸围线之上的结构问题。

鉴别胸围线之上的结构是否合理,主要看袖笼线、肩缝、领圈、劈门线等部位的线形,即斜度、弧度、曲直等是否划得正确。此外,还要看它们之间的各自数量关系是否合理。在这些结构线中,只要其中某一条线划得不正确,就有可能产生服装弊病,尤其是肩缝和领圈,一旦失之毫厘,就会谬以千里。

例如,肩缝后移弊病的产生,是由于后直开领太浅及后横开领太小,或后肩缝太斜,前肩缝太平所引起;后领口不贴颈部弊病的产生,是由于腰节差不足加上后直开领较深所引起;后领圈下起臃弊病的产生,是由于后横开领较大加上后直开领较浅所引起;袖截面向后折转弊病的产生,是由于前肩端角大于90度,后肩端角小于90度以及胸宽大于背宽所引起;人体腋部受阻的弊病的产生,是由于袖笼深太浅,或前袖笼凹势较小,后袖笼凹势较大所引起。由此可见,大多数上衣弊病都是由于胸围线之上某个部位的结构不合理所引起的。

76. 中山装的里襟叠门为何要比门襟叠门阔一点?

中山装的里襟叠门阔于门襟叠门,这不是一种裁剪上的习惯,而是有一定道理的。

众所周知,中山装的钮眼是横开的。假设钮眼的大小等于2.3厘米,门襟的叠门也为2.3厘米,那么,减去0.3厘米的钮眼冲出量后,实际上只有2厘米,如图76-1所示。此时,如果里襟的叠门与门襟的一样,也是2.3厘米,那么,当门、里襟合上后,里襟的止口线将落在门襟钮眼的里端偏里0.3厘米之处。一旦门、里襟受到横向拉力的作用,则里襟的止口必然会向钮眼外端方向移动,这样,人的视线将透过露出的钮眼空隙,窥见到内衣的其它颜色,以致于影响穿着的外观效果。正是由于这个原因,才不得不使里襟叠门加大到3.3厘米左右,从而超出门襟叠门的阔度。

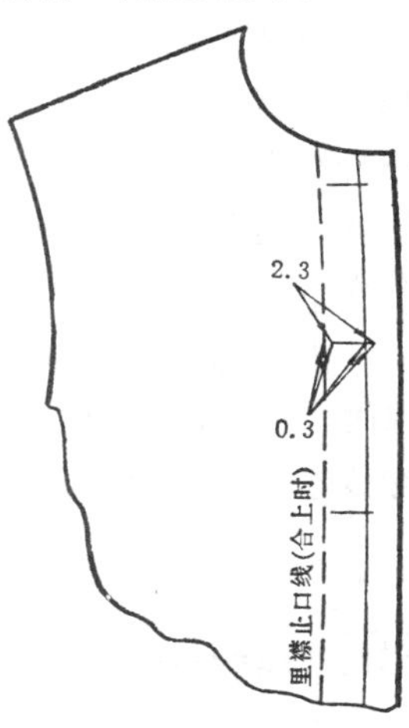

图 76-1

77. 男衬衫(装领脚)的第一、二粒钮扣的间距为何要小于其它几粒钮扣的间距?

这主要是为了要保证外观效果而特意作出的适当调节。外观效果主要指以下两个方面。

① 在不系领带的情况下,第一粒钮扣基本上是不扣的,由此产生了颈下部应"暴露"多

少的问题。如果将第一、二粒钮扣的间距减小,可以使颈下部的"暴露"面恰巧控制在恰如其分的程度内。

② 由于衬衫的面料薄而软,且领头又坚硬,因此,一软一硬使得领头具有向两旁张开的趋势(当第一粒钮不扣,第二粒钮扣上时)。并且,第二粒钮扣越往下移,则领头张开的趋势越大。为了尽可能减弱领头张开的程度,只有将第一、二粒钮扣的间距减小。

钮扣间距的确定方法可参见图 77-1 所示。

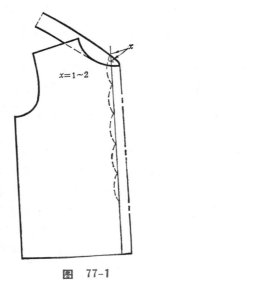

图 77-1

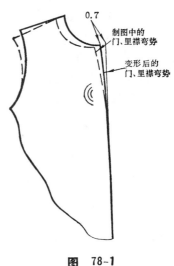

图 78-1

78. 为什么中山装的挂面弯势应小于前身门襟的弯势?

只要劈门不等于零,中山装的门、里襟总存在一定的弯势,劈门越大,门、里襟的弯势也越大。由第72题的分析可以知道,劈门的作用是为了解决胸、肚表面抛起的问题。但这仅仅是一种制图手段,要使它真正实现,还必须通过归拔或缝纫吃势等工艺手段的处理将其变形,使变形后的门、里襟弯势(不能笔直)小于原来制图中的门、里襟弯势,如图 78-1 所示。这个变形后的门、里襟弯势就是中山装成型后的门、里襟弯势。

由于挂面的宽度总是有限的,在有限宽度内的平面和曲面几乎是接近的。考虑到这一原因,人们才将挂面的弯势不根据制图中的门、里襟弯势来确定,而是根据成型后的门、里襟弯势来确定。这种处理,就得到了挂面的弯势应小于门、里襟弯势的结果。

79. 挂面的宽窄是怎样确定的?

有些服装厂为了片面节约衣料,将挂面裁得很窄,这是不符合服装质量的基本要求的。那么,怎样宽窄的挂面才是符合服装质量的基本要求的?

我们认为,挂面的宽窄应尽量满足以下三个要求。

① 如果领型属于关门领,则要保证挂面的里口线与横钮眼里端保持一定的距离。不然,会影响钮眼的牢度。保持的距离一般以钮扣直径大小为宜。

②　如果领型属于开门领，在领圈处，则要保证挂面的里口线与驳口线保持一定的距离。不然，领子翻驳后，挂面里口线容易外露。一般保持的距离应控制在3厘米至6厘米之间；在底边处，与关门领的情况相同。

（3）如果领型属于开关领（或两用领），在领圈处，则要保证挂面里口线与开门时的驳口线保持一定的距离，一般应控制在2.5厘米至3.5厘米之间；在底边处，与关门领的情况相同。

下面将具体介绍挂面宽窄的确定方法。挂面宽窄可按关门领、开门领、开关领三类情况来确定。

对于关门领的服装，如是连挂面，则其上、下端的宽窄均为3×钮扣直径，如图79-1所示。如是装挂面，则其上端的宽窄为3×钮扣直径+0.5厘米，下端的宽窄为3×钮扣直径−0.5厘米，如图79-2所示。

对于开门领的服装，其挂面的上端的宽窄可根据图79-3所示的方法来确定，下端的宽窄

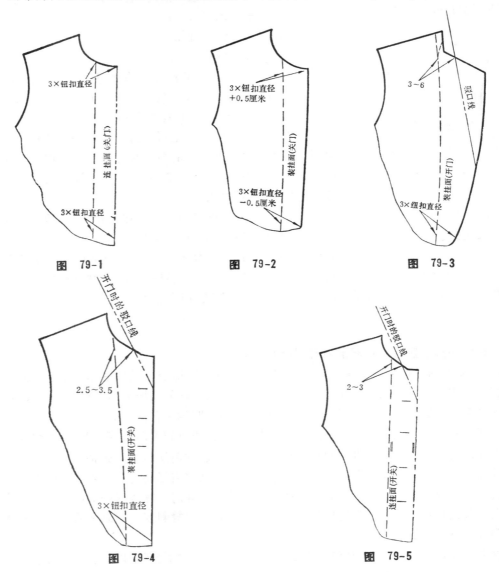

图　79-1　　　　　　　图　79-2　　　　　　　图　79-3

图　79-4　　　　　　　　　　　图　79-5

仍为 3 × 钮扣直径。

对于开关领的服装,当挂面是装挂面时,则其上、下端的宽窄可根据图 79-4 所示的方法来确定;当挂面是连挂面时,则其上、下端的宽窄可根据图 79-5 所示的方法来确定。

80. 上装门、里襟的叠门是怎样确定的?

众所周知,上装门、里襟合上后,钮扣的中心应落在叠门线上。从图 80-1 中可以看到,当叠门固定时,钮扣的直径越大,则其边缘线越靠近门襟止口线,甚至要超出门襟止口线。这样的外观效果,当然不是人们所期望的。为了保证门襟止口线与钮扣边缘线离开一定的距离,必须将门襟止口线随钮扣直径的增大而外移,这实际上是在增大门襟的叠门(里襟的叠门是由于横钮眼的外露,而一般与门襟的叠门一样或稍大一点)。这说明服装的门、里襟叠门大小与钮扣的直径有关,它们的关系一般可用下式来表示:

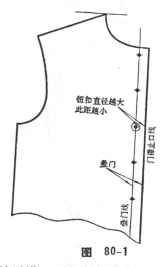

图 80-1

$$\begin{cases} \text{叠门大} = \text{钮扣直径} + (0 \sim 0.3 \text{厘米}) \\ \text{叠门大} \geqslant 1 \text{厘米} \end{cases}$$

上式不等号右边的 1 厘米表示门、里襟叠门的最小尺寸(哪怕钮扣只有一个点那样大),换而言之,如计算出来的叠门大小于 1 厘米时,一律作 1 厘米处理。

考虑到在前身中心线上所受到的横向拉力特别大,如果以 1 厘米作为此处叠门的最小尺寸,那么,很难经受住这横向拉力的作用。因此,前中心线上门、里襟叠门的最小尺寸应取 1.5 厘米较为妥当。即:

$$\begin{cases} \text{前中心线上的叠门大} = \text{钮扣直径} + (0 \sim 0.3 \text{厘米}) \\ \text{前中心线上的叠门大} \geqslant 1.5 \text{厘米} \end{cases}$$

对于硬领衬衫的门、里襟叠门,其最小尺寸应为 1.9 厘米左右,因为它首先考虑的是门襟一面的领脚前端部分是否能被里襟一面的翻领盖住。很显然,叠门越宽,则越易被翻领所盖住。

81. 劈门的大小是否会引起前肩缝斜度的变化?

由第 72 题的分析可以知道,劈门实质上是一种胸(或肚)省,其作用是为了解决人体的胸(或肚)部表面的抛起问题。但省的作用是有限的,它只能使某局部达到锥面状效果,却无法使某局部达到球面状效果。解决这个问题,只有通过归拔工艺。

众所周知,衣片经过归拔后,必然会发生"形变",归拔量越大,则这种"形变"的幅度也越大。衣片的胸(或肚)部一旦经过归拔,则由此"形变"后的前肩缝斜度必将会小于工艺归拔前的前肩缝斜度,如图 81-1 所示,且工艺归拔量越大,则前肩缝斜度变得越小。由于一定的劈门大小对应着一定的工艺归拔量,因此,对于较大的劈门,将意味着前肩缝斜度变得较小。为了使归拔后的前肩缝斜度保持不变,在制图时,前肩缝斜度应比原来的稍大,具体方法可见图 81-2 所示。

必须指出,只有"形变"才会使前肩缝斜度发生变化,而"形变"是以工艺归拔为手段的。

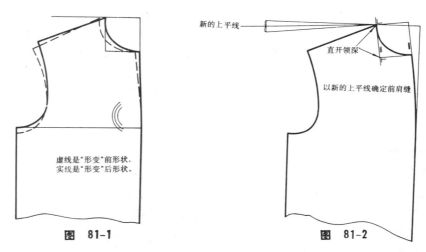

新的上平线
直开领深
以新的上平线确定前肩缝

图 81-1　　　　　　　　　　　图 81-2

由此可见,如果衣片不需要经过工艺归拔的处理,那么, 在制图时就不必考虑由于劈门的增减而引起的前肩缝斜度的变化。

82. 为什么说,成型后的中山装门、里襟止口线成为笔直状态是不合理的？

按正常的制图规则,中山装的门、里襟止口线上段应多少略带一点弧形状, 这是由于劈门存在的缘故,劈门越大,门、里襟止口线的弧度也越大。

有人主张,成型后的中山装的门、里襟应呈笔直状。其实,这不符合人体胸部的曲面要求,不妨我们可以作如下分析。

将一个球面分解成若干等分,并在平面上近似展开,可得到如图 82-1 所示的展开图。

从这些展开图中不难看出,展开图中的所有展开线都是弧线形的。并且,展开线的弧度随着分解等分的减少而变大,随着分解等分的增多而变小。另一方面,在分解等分相同的情况下,球面的曲率越大(即半径越小), 则展开线的弧度越大,球面的曲率越小(即半径越大),则展开线的弧度越小。

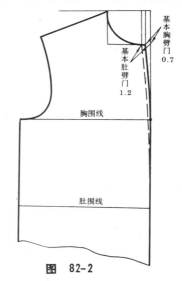

基本胸劈门 0.7
基本肚劈门 1.2
胸围线
肚围线

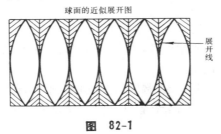

球面的近似展开图

展开线

图 82-1　　　　　　　　　　　图 82-2

人体的胸部(或肚部)表面可看作是一个近似的局部形球面。因此,成型后的中山装门、里襟止口线必须是弧形状的。反映在结构制图中,表现为颈窝点向里劈进(即劈门),即劈门线略带弧形。由此而产生的劈门称为基本劈门。

根据大量的经验表明,对于正常人体,中山装的基本胸劈门（以直开领线部位为准）为0.7厘米,基本肚劈门（以直开领线部位为准）为1.2厘米,如图82-2所示。

上述结论对于其它关门领一类的上装具有同样的参考价值。

最后指出,基本劈门不包括由于工艺归拔等所引起的门、里襟止口线（胸部处）向内弯曲而设置的工艺性劈门。基本劈门与工艺性劈门之和才是中山装制图中的总劈门。

83. 怎样确定上装的胸背差?

胸背差是指背长与胸长之差,如图83-1所示。这是一个非常重要的概念,胸背差在上装的结构制图中具有举足轻重的作用,处理稍不当,立即会出现一系列的弊病。

目前,众多裁剪书上都是用定数的方法来确定胸背差的。对于同一年龄、性别、品种、规格、季节的上装,不同的裁剪书会出现不相同的胸背差定数,有时相差很大,即使是同一本裁剪书,也会出现时大时小的胸背差定数。

从大量的裁剪书中可以看到,童装的胸背差往往小于男装的胸背差。如对于同一类品种,童装的胸背差为0.7厘米左右,男装的胸背差却达3厘米左右。在此,是否注意到,从0.7厘米至3厘米之间缺少了一个过渡的变化层次,似乎男装的胸背差是从0.7厘米一下子跳到3厘米的。显然这是不符合人体生长的实际情况。

众所周知,儿童成长到成年的过程应该是一个连续的发育生长过程,而不是一个跳跃式的过程。因此,从童装胸背差发展到男装胸背差的过程必定也是一个连续的变化过程。尽管反映在函数关系上的变化过程是非线性的,但我们可以用数理统计的方法,找到胸背差变化的近似线性规律。

根据我们的研究,上装胸围是引起胸背差变化的主要相关参数。它们的相关关系可用下式来表示:

$$胸背差 = 0.1B - 7.5 厘米 - (a+b+c)$$

其中,B 为上装胸围,a、b、c 为常数,它们的取值要求如下:

$$a = \begin{cases} 1 厘米 & 当后身有背省或背部劈势时,如图83-2所示。 \\ 0 & 当后身无背省或无背部劈势时。 \end{cases}$$

$$b = \begin{cases} 0.5厘米 & 当前身有胸省时。 \\ 0 & 当前身无胸省时。 \end{cases}$$

$$c = \begin{cases} 0.5厘米 & 当上装为四分法式时。 \\ 0 & 当上装为三分法式时。 \end{cases}$$

并且规定,当男装胸围大于120厘米时,一律作120厘米处理;当女装胸围大于100厘米时,一律作100厘米处理。下面用几个具体实例加以说明。

例1:若为连衣裙,后身有肩省,前身有横省,四分法式,胸围为95厘米,求胸背差?

解:由条件得 $a=1$ 厘米,$b=0.5$ 厘米,$c=0.5$ 厘米,于是,胸背差 $= 0.1 \times 95 - 7.5 - 1 - 0.5 - 0.5 = 0$。

例2:若为男西装,后身有背缝,前身无胸省,三分法式,胸围107厘米,求胸背差?

解:由条件得 $a=1$ 厘米,$b=0$,$c=0$,于是,胸背差 $= 0.1 \times 107 - 7.5 - 1 = 2.2$(厘米)。

例3:若为中山装,后身无背省,前身无胸省,三分法,胸围113厘米,求胸背差?

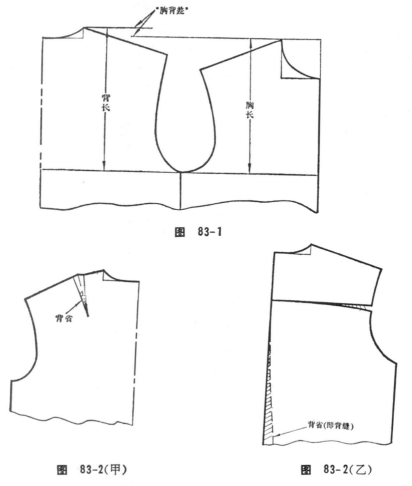

图 83-1

图 83-2(甲)　　　　　图 83-2(乙)

解：由条件得 $a=0$，$b=0$，$c=0$，于是，胸背差 $=0.1\times113-7.5=3.8$（厘米）。

例4：若为童装，后身无背缝，前身无胸省，三分法式，胸围65厘米，求胸背差？

解：由条件得 $a=0$，$b=0$，$c=0$，于是，胸背差 $=0.1\times65-7=-0.5$（厘米）。

在计算胸背差时必须注意两个问题：（a）对于挺胸、驼背等特殊体型的胸背差可在上述基础上酌量加减；（b）对于上述计算公式中的胸围，其放松量不得超过30厘米。

84. 西装的胸背差为何要小于中山装的胸背差？

西装的胸背差一般为2.5厘米左右，中山装的胸背差一般为3.7厘米左右。同样是三分法结构，为什么会具有不同的胸背差呢？这主要与它们后身的不同结构有关。西装的后身是有背缝的，有了背缝就能将背省融合进去。中山装的后身是无背缝的，因而也不存在背省。

现以西装的后身结构作为参考标准，来分析中山装的胸背差问题，如图84-1中的实线部分。由于胸背差主要与腰围以上部分的结构特征有关，因此，图中将后身腰围线以下的部分省略了。

在图 84-1 中，如果将有背缝的后身结构改变为无背缝的后身结构，只要以 A 点为定点，将几何图形 ABCDE 顺时针旋转一下，变成 A′B′C′D′E′，使 AE 与背中线重合即可。此时可发现，旋转使原后身胸围上的 C 点落到 C′ 点上，比前身胸围线低落 1.2 厘米左右，这等于后袖笼深增长了 1.2 厘米左右，如果将前身向下移动 1.2 厘米左右，使前胸围线与 C′ 点在同一个水平位置上，那么，移动后的胸背差就变成了 2.5 厘米＋1.2 厘米＝3.7 厘米左右。这就是中山装胸背差偏大的原因。

当然，也可以中山装的后身结构为参考标准，来分析西装的胸背差问题。从分析中还可以发现，假定中山装的胸背差为 3.7 厘米是正确的，那么，西装的胸背差将随着背缝处收省的缩小而从 2.5 厘米逐渐增大到极限状态的 3.7 厘米。由此可见，西装背缝处收省偏大一点，则其胸背差偏小一点，反之胸背差就偏大一点。

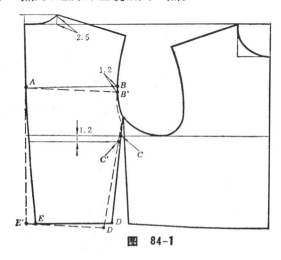

图　84-1

85. 在后身无背缝的前提下，为什么四分法式上装的胸背差要小于三分法式上装的胸背差？

一般四分法式上装的胸背差为 3.0 厘米左右，三分法式上装的胸背差为 3.7 厘米左右，两者相差约 0.7 厘米左右，为什么会出现这种情况呢？如果比较一下四分法式和三分法式的摆缝收腰差异，就不难找到原因。

通常情况下，四分法式上装的前、后摆缝的收腰量基本相同，即使有大小，也是相差无几，如图 85-1 所示。而三分法式上装的前、后摆缝的收腰量却有着明显的差异，如图 85-2 所示。从图中可以看到，摆缝的收腰量越大，则摆缝的倾斜度（与基准线的夹角）也越大。显然，四分法式的前、后摆缝倾斜度是基本一致的，而三分法式的后身摆缝倾斜度要远大于前身摆缝倾斜度。

如果三分法式的后摆缝倾斜度与前摆缝倾斜度一致，那么，三分法式的胸背差就没有理由要小于四分法式的胸背差。

现以前、后摆缝倾斜度相等的前、后身为参考标准，来分析前、后摆缝倾斜度相异情况下的胸背差问题，如图 85-3 所示，图中将前、后的腰围线以下部分省略了。

在图 85-3 中，如果以 A 点为定点，将梯形 ABCD 顺时针旋转，变成 A′B′C′D′，使 C′

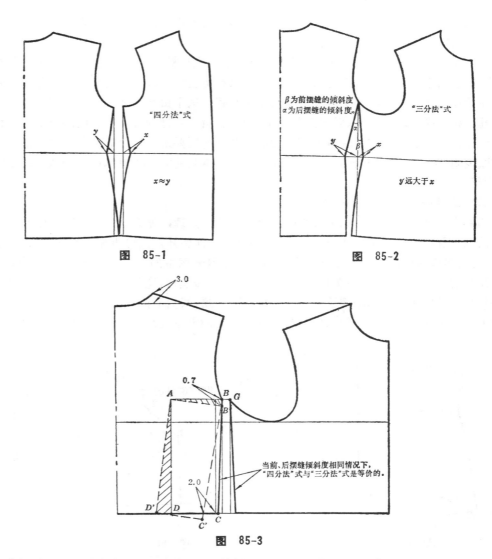

图　85-1

图　85-2

图　85-3

点距背阔线为2.0厘米左右。此时将发现，旋转后的B点落在B'点的位置上，且B、B'两点的距离为0.7厘米左右。如果再将前身向下移动0.7厘米左右，使C点与B'点保持在同一个水平线上，那么，移动后的胸背差变成了3.0厘米＋0.7厘米＝3.7厘米，也就是说，后摆缝倾斜度大于前摆缝倾斜度情况下的胸背差要大于前、后摆缝倾斜度总远大于前摆缝倾斜度，四分法的前、后摆缝倾斜度总是相互接近的，因此，三分法式的胸背差要大于四分法式的胸背差。

86. 上装的底边起翘是怎样产生的？

上装的底边起翘是指上装摆缝处的底边线与衣长线之间的距离，如图86-1所示。

人们比较注重于底边起翘的确定方法，却不注重底边起翘的起因。如不真正认识和了解底边起翘的起因，就不可能有确定底边起翘的合理方法。

经过一定的研究和实践,我们认为,底边起翘主要有以下两个因素引起。

(1) 人体胸部挺起因素的制约

由于胸部的挺起,使得在胸部处竖直线方向上的底边被一定程度地吊起,出现了前高后低的非水平状态。要使底边口达到水平状态,只有将图中所示的一段多余底边剪掉。剪掉后的底边在平面上展开,就形成了前身的底边起翘。这个由于人体胸部的挺起而产生的底边起翘,称为底边基本起翘(以下简称基本起翘)。由于女性胸部(主要靠乳峰)的挺起程度要大于男性,因此,在无胸省的情况下,女装的基本起翘要大于男性的基本起翘。根据大量的实践表明,男装的基本起翘为 0.7 厘米,女装的基本起翘为 0.7 厘米(有胸省时)或 1 厘米(无胸省时)。

(2) 摆缝偏斜度因素的制约

如果将上装腰节线下面的部分当作一个几何体来处理,能有助于我们对产生起翘的进一步认识。假如有一个圆台体,现把它的侧面进行平面展开,则可得如图 86-2 所示的扇面形展开图。当圆台体的母线与垂线的夹角 α 越大,则展开图中的下口翘势 x 越大,同时,其侧面剖开线的偏斜度 β 也越大,如图 86-2 所示。反映在服装中,这侧面剖开线相当于上装的摆缝。因此,上装的底边起翘随摆缝偏斜度的增减而增减。根据平面几何知识,我们可以用几何方法去反映展开图中剖开线的偏斜度与下口翘势间的定量关系,如图 86-3 所示。如果将所假

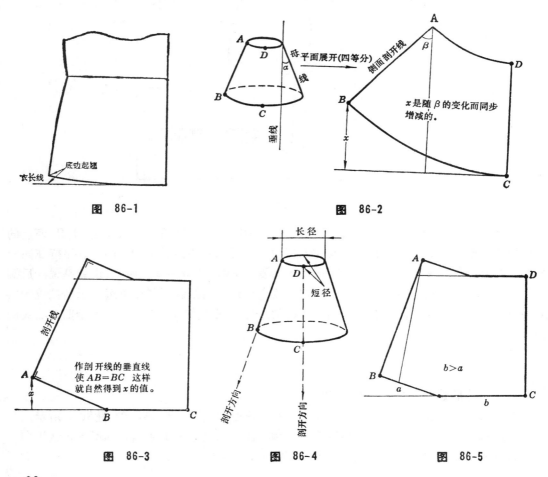

图 86-1

图 86-2

图 86-3

图 86-4

图 86-5

设的那个圆台体换成一个椭圆台体（即上、下底面都是椭圆形的），并且，剖开线定在如图 86-4 所示的位置上，那么，可以证明，展开图中两剖开线的垂直线的交点必定偏向于剖开线的一边，那么，$a<b$，如图 86-5 所示。并且，椭圆台体的长、短径之比越大，则这种现象越严重。

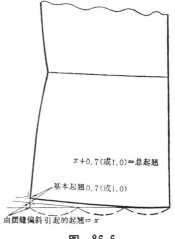

考虑到人体腰、臀围之间的表面形状更接近于椭圆台体，而且，其侧面的倾斜度远大于前正面的倾斜度。因此，上装的底边起翘与摆缝偏斜度之间的定量关系可按图 86-6 所示的方法处理。

将由上述两种因素引起的底边起翘合起来就产生了总的底边起翘，如图 86-6 所示。图中的方法还进一步启发我们，当摆缝的偏斜度为一定时，下摆越大，则起翘也越大。因此，三分法式的起翘大于四分法式的起翘就是这个道理。

图中标注：
$x+0.7$（或1.0）=总起翘
基本起翘0.7（或1.0）
由摆缝偏斜引起的起翘=x

图　86-6

87. 在相同胸围的条件下，为什么收腰的上装比不收腰的上装容易产生偏小的感觉？

人体的表面一旦与物体接触就会产生一种生理上的触觉感，即感觉。这种感觉不仅仅局限于胸围线处，而是潜伏于人体表面的各处。从这个意义上来说，无论在胸、腰之间的哪一个部位，只要先与上装相接触，就会首先获得触觉感，反映在穿着上就有偏小的感觉。

当不收腰的上装穿在人体上后，人体胸围处部位与上装之间的空隙要小于胸围处以下的其它部位。当收腰的上装穿在人体上后，胸围处部位与上装之间的空隙同其它部位相比不再是最小的。并且，腰身收得越小，则这种现象越严重。比较上述两种情况，我们可以看到，如果各自在胸围处的空隙相等，那么，收腰的上装要比不收腰的上装先使人体获得接触感，即偏小感觉。因为，收腰的上装在胸围线以下一段处的空隙要小于胸围处的空隙。由此可见，收腰的上装要比不收腰的上装更容易产生偏小的感觉，并且腰身收得越小，这种偏小的感觉越强烈。

综上所述，我们还可以知道，对于同一个人来说，在内部穿着层次相同的情况下，收腰上装的放松量要比不收腰上装的放松量大 2 厘米左右。

88. 后背有裥的男衬衫摆缝为何要向前偏 1 厘米？

摆缝向前偏 1 厘米指的是，前身胸大为 $\frac{1}{4}$ 胸围 -1 厘米，后身胸大为 $\frac{1}{4}$ 胸 $+1$ 厘米。

这样处理是为了重新调整摆缝在袖笼门中的横向位置。我们知道，后背的二个裥使背阔线向袖笼门方向推移 2 厘米。如此时的摆缝不向前偏 1 厘米而放在中间的位置上，那无疑会使摆缝与推移后的背阔线相距太近，以致使前袖笼门太大，后袖笼门太小，从而使袖子与衣身缝合后，袖山头中心部分明显地偏前（相对于肩缝）。当然，如果是二片式袖子或袖底缝不对准摆缝，那就没有必要这样处理了。因此，正是为了解决上述问题，才不得不将摆缝设在向前偏 1 厘米的位置上。

89. 男西装的落地省有哪些作用？

落地省是一种将胁省延长并直通到底的变形胁省。归纳起来，落地省约有以下三个作用。

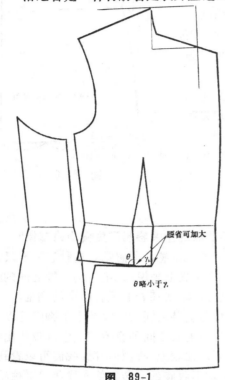

图 89-1

(1) 能将腰省变大

由于袋口要剖开，原来腰省下端的省尖变成了可任意大小的"空档"，"空档"越大，意味着腰省收得越大，如图 89-1 所示，从而使胸部挺得越高，这对于女装尤为适用。

(2) 能使大袋处自然平服

由于袋口剖开，原来的腰省省尖和胁省省尖均已消失，从而使该部不经烫匀就能自然平服。

(3) 能使臀部加大或收小

由于胁省延长并直通到底，因此，使臀围方向上潜伏了加大臀围尺寸或收小臀围尺寸的能力。

图中标注：腰省可加大 ； θ ； γ ； θ略小于γ。

90. 穿西装为何容易使人产生受牵制的感觉？

这里所说的牵制主要是来自于袖笼区域。袖笼区域是整个上装结构中最为关键的部位，因为人体在该部位处的活动频率和活动幅度远大于其它部位。因此，袖笼区域的制作稍有不当，就会使人产生受牵制的感觉。

有较多的人在裁剪西装，计算袖笼深和胸背阔时，经常只考虑胸围和季节的因素，而忽视了胸围的放松量、穿着层次、胸衬、夹里等诸多因素。也正是这些因素，才使得大多数的西装给人带来或多或少的牵制感觉。归纳一下，这种牵制感觉的产生主要有以下五个原因。

(1) 胸围放松量偏小

按正常情况，胸围放松量减小，则腋围放松量也随之减小。假如，制图结果使得腋围放松量小于胸围放松量，那么，当胸围放松量恰巧达到胸部活动所需要的最小限度时（因西装的放松量往往较小），腋围放松量也将小于腋部活动所需要的最小限度，从而容易使人产生受牵制的感觉。而且，腋围放松量越小于胸围放松量，则这种现象就越显著。

(2) 穿着层次的增加

一般情况下，胸围的放松量总大于腋围的放松量。因此，随着穿着层次的增加，使原来留有活动余地的胸围放松量恰巧减至胸围活动所需要的最小限度，此时，腋围放松量将同时减至小于腋部活动所需要的最小限度。从而容易使人产生受牵制的感觉。而且，穿着层次越多，则这种现象就越显著。

(3) 胸衬的坚硬

西装的胸衬一般是既硬又厚，不容易折转和弯曲。在袖笼处的缝头当然也不例外。正是由于这个 1 厘米左右宽的缝头，才使得袖笼的有效长度减小（从净缝的长度减至毛缝的长度）。从而使得腋围放松量就越小于胸围放松量，最后将导致类似于第一种原因所造成的牵制现象的产生。

（4）夹里的因素

西装装配上夹里，相当于西装内部增加了一个穿着层次，况且，腋围处的层次要多于胸围处的层次，如图 90-1 所示。因此，夹里的装配与否也将产生与第二种原因相类似的牵制感觉。

（5）袖壮偏小

根据造型的要求，西装袖子的袖壮比较小。在袖笼长度确定的前提下，袖壮越小，则袖开深越大，从而使得腋部的活动更易受到限制。最终易使人产生受牵制的感觉。

当然，后四种原因只有在第一种原因存在的前提下，才会使人产生受牵制的感觉。如果西装的胸围放松量很大，也就不会产生这种情况。但事实上，西装的胸围放松量常常是比较小的。

由以上分析可知，在确定西装的袖笼深、袖笼门宽及胸背阔时，必须使其比其它相同胸围的上装的对应量略微增大一点。

图 90-1

四、袋和省

91. 对于有袋盖的贴袋，为什么袋盖口与袋身口之间要保持一定的距离？

袋盖口与袋身口是指如图 91-1 所示的部位的线条名称。初学裁剪制作服装 的人，往往将袋盖口与袋身口靠得很近，这样做会产生哪些不良现象呢？

我们先看一下袋盖与袋身组合后的侧视图，如图 91-2 所示，从图中可以看到，由于袋盖口被固定，因此，当袋盖口与袋身口的距离确定时，随着袋身逐渐增厚（主要由面料增厚所引起），整个袋盖的坡度将逐渐增大，从而使袋盖底越偏离于袋身。反过来，当袋身的厚度确定时，随着袋盖口与袋身口之间距离的逐渐减小，袋盖的坡度也将逐渐增大，从而使袋盖底愈偏离于袋身，如图 91-3 所示。当袋身口完全与袋盖口贴近时（假设袋盖口处缉单止口或双止口明线），则在该部位处的袋盖表面将产生阶梯形现象，如图 91-4 所示，这是第一种不良现象。

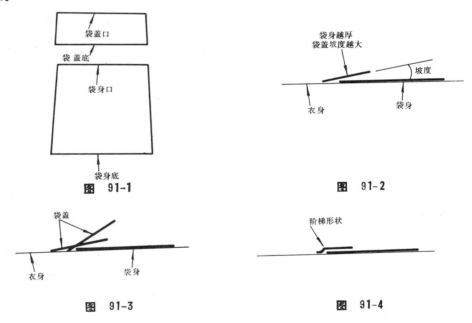

图 91-1

图 91-2

图 91-3

图 91-4

由于人的手指具有一定的厚度，如果袋盖口与袋身口不保持一定的距离，那么，在衣服刚开始穿的时候，人的手指是很难伸入到袋身里去的（亦即伸到袋口中取东西），这是第二种不良现象。

由上述分析可知，袋盖口与袋身口之间保持适当的距离（太大了会走向另一个极端），一方面是为了减小袋盖的坡度，使袋盖底尽可能地贴在袋身上；另一方面是为了满足手指容易伸入袋身的需要。袋盖口与袋身口之间的距离一般保持在 1.5 厘米至 2.5 厘米之间。面料稍厚的，其距离则相应较大一点；反之，则相应较小一点。

92. 袋盖的宽度为何应略大于袋身的宽度？

袋盖的宽度一般略大于袋身的宽度，如图 92-1 所示，这样处理的目的主要是为了解决在斜视时，袋身外露的不良情况。由于袋盖总是存在着或多或少的坡度，如图91-2所示，如果在工艺制作上再出现一些质量问题（如袋盖角反翘），则这种坡度就将更为显著。假如袋盖的宽度等于袋身的宽度。那么，在从正面角度观察（斜视）时，就容易看到袋身。而且，在一般情况下，面料越厚或斜视角度越大，这种外露情况就越严重。为了尽可能地解决这种不良情况，除了满足工艺制作上的要求外，还应该将袋盖的宽度取得略大于袋身的宽度，其大小应视面料的厚薄而定，每侧的增大量一般控制在0.1厘米至0.3厘米之间。

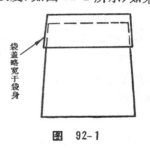

图 92-1

93. 为什么要将上装袋口的里端抬高一点？

在上装（男衬衫除外）的制图中，不管是胸袋还是大袋，其水平袋口的里端总要抬高0.8厘米左右，如图93-1所示，其原因主要有以下两点。

首先，由于人体略微后仰及其胸部的挺起，使得上装位于胸部竖直方向处的部分被略微带起，从而造成了上装面料的纬向线在视觉上出现外（靠近叠门线）高里（靠近袖笼处）低的非水平状态（以叠门线与面料经向一致为前提）的不良情况。显然，如果使袋口线与面料纬向线取得一致，那袋口线也将出现非水平状态的不良情况。因此，为了使穿在身上的上装袋口保持水平状态，必须在制图时先将袋口线的里端抬高一点。对于挺胸凸肚者，其里端抬高的程度应适当增加点；对于平胸驼背者，应适当减少点。

其次，根据近大远小的透视原理，距离视点较近的贴袋袋口将大于距离视点较远的贴袋袋底。假设实际的袋口与袋底相等，那么，袋形将产生"头重脚轻"的感觉。要使人有"四平八稳"的感觉，那么，袋底应比袋口大2厘米左右。此时，如果贴袋外侧线与经向线一致，袋口线与纬向线一致，那么，贴袋将变成如图93-2所示的形状，这在几何造型上显得很不美观。为了使贴袋的形状保持一定的对称性（因为这种形状具有形式美），唯一的办法只有抬高袋口的里端，因为贴袋外侧线一般与经向线是平行的。

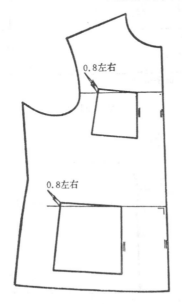

图 93-1

图 93-2

94. 中山装的胸袋和大袋怎样绘划才算合理？

对于中山装的胸袋和大袋，由于缺乏一套严格的绘划方法，致使许多初学者绘划出的袋形总是走样的。有时，同一个人划出的两个同样规格的胸袋或大袋，也不能完全重合，为此将向读者介绍一种比较严格的绘划方法。

(1) 胸袋的绘划方法

① 在衣身的基础上绘划袋身，如图 94-1 所示，图中的 B 是指胸围。

② 再在袋身的基础上绘划袋盖，如图 94-2 所示。

(2) 大袋的绘划方法

① 在衣身的基础上绘划袋身，如图 94-1 所示。

② 再在袋身的基础上绘划袋盖，如图 94-3 所示。

从图 94-1 中可以看到，袋口里端抬高越多，则胸袋袋底越大；前身底边起翘越多，则大袋的袋底越大。因为袋口和袋底均与底边线平行的。由此可见，在袋口里端的抬高尺寸或底边起翘确定的情况下，胸袋或大袋的袋底大小也基本确定，决不能任意增大或减小。否

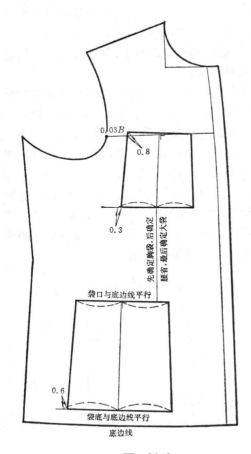

图　94-1

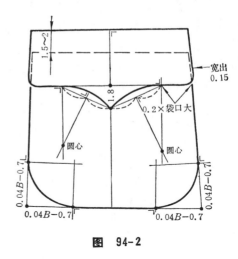

图　94-2

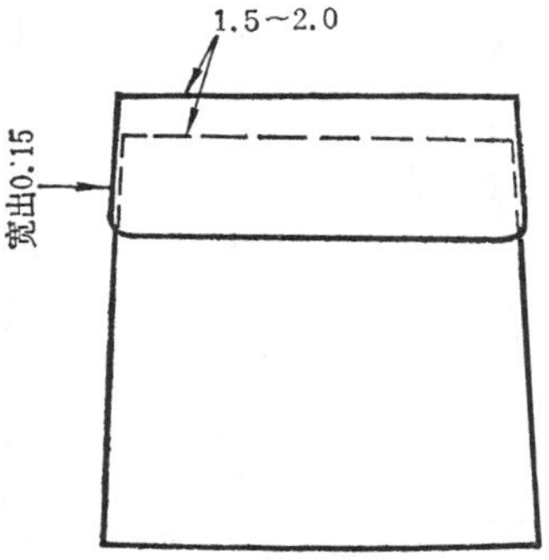

图　94-3

则，制作成的胸袋或大袋的形状与原先的要求不相符合。如果要先确定袋底的大小，那必须同时要调整袋口里端的抬高尺寸或底边起翘。

95. 上装的袋口（或袋长）是否有通用的计算公式？

影响袋口的因素较多，如胸围、男装、女装、童装、挖袋、贴袋因素，还有其它胖、瘦及款式等因素。要想用某一个定数或计算公式来反映这些众多的因素与袋口（或袋长）之间的关系是不可能的，也没有必要。因此，袋口（或袋长）一般不存在通用的计算公式，但可以用一组近似的计算公式来反映袋口（或袋长）与这些众多因素之间的关系。

下面就以正常体的上装为标准，给出一组袋口的近似计算公式。

（1）胸袋（以水平袋口为标准）

① 贴袋袋口大 $= \begin{cases} 0.05B + 6 \ \text{厘米，男装} \\ 0.05B + 5 \ \text{厘米，女装} \\ 0.05B + 4 \ \text{厘米，童装} \end{cases}$

② 贴袋袋长（以平底为标准）$= 1.2 \times$ 袋口大，如图 95-1 所示

③ 挖袋袋口大 $= \begin{cases} 0.05B + 5 \ \text{厘米，男装} \\ 0.05B + 4 \ \text{厘米，女装} \\ 0.05B + 3 \ \text{厘米，童装} \end{cases}$

④ 贴袋或挖袋的袋盖宽（以平底为标准）$= 0.4 \times$ 袋口大 $- 0.3$ 厘米，如图 95-1 所示

（2）大袋（以水平袋口为标准）

① 贴袋袋口大 $= \begin{cases} 0.1B + 6 \ \text{厘米，男装} \\ 0.1B + 5 \ \text{厘米，女装} \\ 0.1B + 4 \ \text{厘米，童装} \end{cases}$

② 贴袋袋长（以平底为标准）$= 1.2 \times$ 袋口大

③ 挖袋袋口大 $= \begin{cases} 0.1B + 5 \ \text{厘米，男装} \\ 0.1B + 4 \ \text{厘米，女装} \\ 0.1B + 3 \ \text{厘米，童装} \end{cases}$

④ 贴袋或挖袋的袋盖宽（以平底为标准）$= 0.4 \times$ 袋口大 $- 0.3$ 厘米

其中，B 表示上装的胸围。

从上述的几组公式中可以看出：在相同条件下的袋口，男装和女装、女装和童装、贴袋和挖袋，均以相差 1 厘米为一档次；另外胸袋和大袋相差以 $0.05B$ 为一档次，其相差量具有一定的规律性，因而，易记易懂。因为只要记住几组公式中的某一个公式，其余公式都可根据上述规律推算出来。例如，记住男装的胸贴袋袋口大公式为 $0.05B + 6$ 厘米，现要计算女装的大挖袋袋口大为多少？由于女装袋口比男装袋口小 1 厘米，挖袋比贴袋小 1 厘米，大袋比胸袋大 $0.05B$，所以女装的大挖袋袋口大应为 $0.05B + 0.05B + 6$ 厘米 $- 1$ 厘米 $- 1$ 厘米 $= 0.1B + 4$ 厘米。其余的可以此类推。

对于矮胖者，其贴袋的袋口要适当选小一点，袋长应略小于 $1.2 \times$ 袋口大；对于瘦长者，其贴袋的袋口要适当选大一点，袋长应略大于 $1.2 \times$ 袋口大。

对于某些属时装类服装的袋口（或袋长）可以在上述几组公式的基础上自由调节，具体

大小应视款式而定。对于非平底的贴袋,其袋长可依据如图95-2所示的要求确定。对于非平底的袋盖可依据如图95-3所示的要求确定。对于大于45度的斜袋袋口大应按1.05×水平袋口大来确定,如图95-4所示。

总之,袋口(或袋长)大小的可变性较大,以上公式在具体使用时可不必生搬硬套。

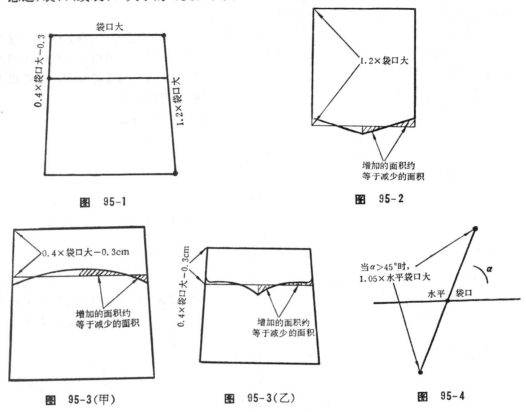

图　95-1

图　95-2

图　95-3(甲)

图　95-3(乙)

图　95-4

96. 服装的袋位最好用什么方法来确定?

对于定型服装(指中山装、西装、大衣等),只要确定袋口的中心点,其袋位也就不难确定。确定袋口中心点可以从两个方面入手,即先确定袋口中心点的横向位置,再确定袋口中心点的纵向位置。这与在直角坐标系中确定点的位置的原理一样,下面就以大袋为例,探讨一下袋口中心点的确定方法。

袋口中心点的横向位置,一般是采用以胸阔线向门襟方向移动2厘米左右的方法确定的。

袋口中心点的纵向位置,一般可用以下三种方法来确定。

① 以衣长底边线作为参考线,用 $K \times$ 衣长 $\pm$ 定数 $\left(K=\dfrac{1}{3}、\dfrac{3}{10}、\dfrac{1}{4}\text{等}\right)$ 的计算公式来确定袋口中心点的纵向位置,如图96-1所示。

② 以上平线作为参考线,用 $\dfrac{8}{10}$ 袖长 $\pm$ 定数的计算公式来确定袋口中心点的纵向位

置,如图 96-1 所示。

③ 以腰节线作为参考线,用 $\frac{2}{10}$ 腰节长±定数的计算公式来确定袋口中心点的纵向位置,如图 96-1 所示。

那么,这三种方法哪一种比较合理呢? 首先,我们应给定一个评价标准。

① 所选择的参考线在人体中所处的位置是否相对稳定,如果是,则该参考线的选择是合理的,如果不是,则该参考线的选择是不合理的。

② 计算公式中所选用的推算模数(如衣长、袖长、腰节长等)是否有较大的变化幅度,如变化的幅度较大,则该推算模数的选用是不合理的,如变化的幅度较小或为零,则该推算模数的选用是合理的。

根据以上评价标准,第一种方法显然是不合理的。因为它所选择的参考线——衣长底边线将随衣长的变化而上下移动,不存在其处于人体中相对稳定的位置。况且,推算模数——衣长的变化幅度又较大,只有在当衣长相对稳定时(对于中山装、西装等类的服装),这种方法才可适用。

在第二种方法中,它们选择的参考线——上平线,虽在人体中所处的位置相对稳定,但作为推算模数的袖长却具有较大的变化幅度(如从短袖到长袖)。因此,总的来说,这种方法也是不太合理的。只有在当袖长相对稳定时(对于西装、大衣等类的服装),这种方法才较为合理。

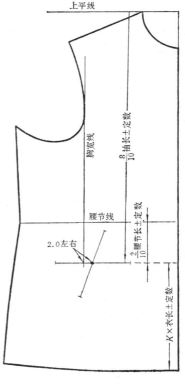

图 96-1

在第三种方法中,不仅是所选择的参考线——腰节线$\left(可由实际测量获得 或 由\frac{1}{4}总体\right.$高公式来确定$\Big)$在人体中所处的位置相对稳定,而且,作为推算模数的腰节长也不存在较大的变化幅度,因此,用这种方法来确定袋口中心的纵向位置是合理的。

综上所述,用第三种方法来确定袋口中心线的纵向位置是最合理的。

对于胸袋袋口中心点的位置,可按如下方法确定。

① 如胸袋为贴袋,则袋口中心点的纵向位置线将落在胸围线上方 3 厘米至 4 厘米之间(对于五粒扣的上装,袋口与第二档钮扣位齐平),横向位置线距胸宽线为 $\frac{胸宽}{2}-1.5$ 厘米。

② 如胸袋为挖袋,则袋口中心点的纵向位置线将落在胸围线上方 2 厘米至 3 厘米之间,横向位置线距胸宽线为 $\frac{胸围}{2}-1.5$ 厘米$\Big($对于开门领的上装,横向位置线距胸宽线为 $\frac{胸围}{2}-2$ 厘米$\Big)$。

97. 为什么制图中的袋盖周围应略呈外弧形?

袋盖周围呈外弧形是指,袋盖的周围轮廓线均略微外凸,如图97-1所示。在制图中,先将袋盖周围处理成外弧形是为了更好地保证成型后的袋盖周围顺直、方正。如果在制图中就把袋盖的周围处理成笔直、方正形,那么成型后的袋盖周围就有可能向内凹进,如图97-2所示。为什么会产生这种不良现象呢?这主要由以下三个原因造成。

(1) 缝纫缩率

由于缝纫的原因,使得缉线处的面料或多或少的产生起皱(起皱的程度与面料的厚薄及质地的性能有关)。显然,起皱后的袋盖止口线很容易向内弯曲(即呈内弧形)。如果在止口线上再缉明线,则其向内弯曲的程度就愈加严重。

(2) 面子的止口超出里子的止口

按要求,成型后的袋盖,其面子的止口应稍微超出里子的止口,以避免止口反吐。但在实际情况中,很难做到使袋盖的周围具有相等的超出量,如图97-3所示。一般翻角部分的超出量最小,而二翻角中央部位的超出量最大,其它部位的超出量则介于最大和最小之间,如图97-4所示。正是由于这个原因,才使得袋盖的止口线向内弯曲,而且,面料越厚,这种现象就愈加严重。

(3) 角上翻得足,中央翻不足

一般的初学者在翻袋盖时,总喜欢用镊子钳在袋盖角上使劲地向外顶撑,这样,虽然使角上得到了充分翻足,但同时使袋盖发生了角上冲出、中央凹进的"形变"(用力越大,则"形变"越显著)。由于止口中央处不如角上那样充分翻足,再加上在熨烫前没有及时恢复上述的"形变",因此,就容易产生袋盖周围向内弯曲的现象。当然,这种现象是可以避免的。

由此可见,为了弥补由于上述三种原因所造成的袋盖周围向内弯曲的不良现象,必须在制图中将袋盖的周围处理成外弧形。

对于其他部位的止口向内弯曲问题,也可以由上述的分析方法进行解释。

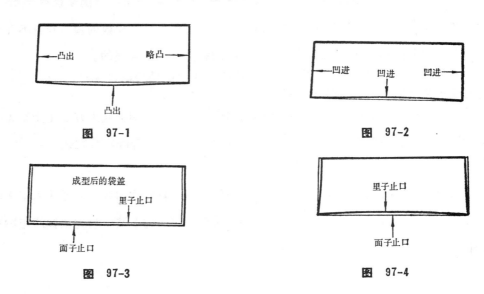

图 97-1

图 97-2

图 97-3

图 97-4

98. 一般方贴袋(包括圆底)的前袋侧线为何要与前中心线平行?

紧靠门襟一端的贴袋轮廓线称为前袋侧线,使其与前中心线平行是为了起到以下两个作用。

① 在多数情况下,门、里襟止口线总是与前中心线平行的,这样就使其与前袋侧线也保持了平行,从而取得了整齐、美观的外观效果。如果前袋侧线不与前中心线平行,也就意味着前袋侧线不与门、里襟止口线平行,如图 98-1 所示。

② 在无特殊要求的情况下,前中心线都取自于经向,且袋身与前衣身也都取自同一经向丝缕,这样可以保证前袋侧线不仅与袋身经向丝缕(或条子)保持了平行,还与前衣身经向丝缕(或条子)保持了平行。不难想象,如果前袋侧线不与前中心线平行,那么,前袋侧线必然与袋身或前衣身的经向丝缕(或条子)相交,如图 98-2 所示,此结果显然是有损美观的。

当上装存在较小的胸劈门时,胸围线上段的中心线将向内偏移。此时,如果是条子面料,则胸贴袋的前袋侧线仍与原中心线保持平行;如果面料为非条子的,则胸贴袋的前袋侧线尽量与向内偏移后的中心线保持平行。

当上装存在较大的胸劈门时,不管何种面料,胸贴袋的袋侧线一律与向内偏移后的中心线保持平行。

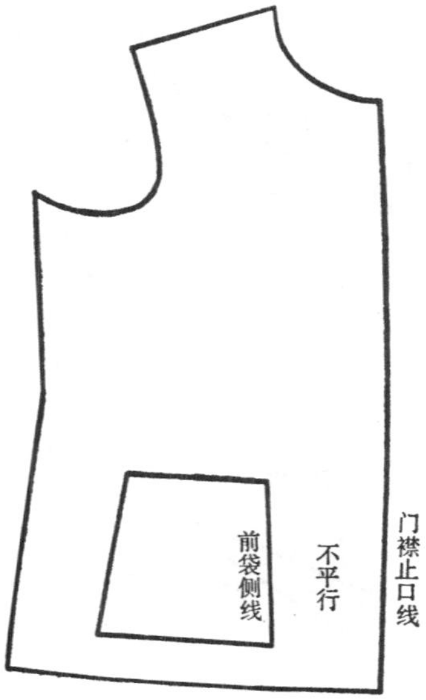

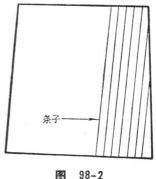

图 98-1

门襟止口线

不平行

前袋侧线

图 98-2

条子→

99. 用胸围来推算胸省的省量是否合理?

凡是省尖对准乳峰部位的省道统称为胸省。省口位于肩缝处的省称肩胸省,省口位于袖笼处的省称腋胸省,省口位于领圈处的省称领胸省等,以此类推,如图 99-1 所示。由此可见,在胸省前面冠以一个省口的部位名称,给各种胸省的取名带来了很大的方便。

对于胸省省量的确定方法,习惯使用的有定数法和计算法两种。定数法是指用某一个常数来控制胸省的省量,且不同部位打出的胸省,具有不同的常数。计算法是指用 $\frac{1}{20}$胸—定数来推算胸省的省量,对于不同部位的胸省,其计算式中的定数大小也不一样,如

图 99-2 所示。显然,定数法是很粗糙的,况且它还需单独记住各种胸省的省量(即定数),存在记忆上的负担。而计算法要比定数法更不合理。

首先,对于净胸围较大的女性体来说,其乳峰不一定较高;反之,净胸围较小的,其乳峰也不一定较低。净胸围与乳峰高之间不存在线性关系。

其二,对于同一个女性体来说,其胸围放松量的大小与胸省的省量没有同步关系,即胸围放松量增大,胸省的省量不一定随之增大。严格地说,放松量越大,其省量反而越小,甚至可不收胸省(如宽松型上装)。反之,放松量越小,其省量反而越大。

其三,单纯用省量来刻画胸省成型后的曲面高低是不全面的。因为对于两个省量相等但省的长短不一样的胸省,其成型后的曲面高低是不相等的。因此,在考虑省量的同时,还必须考虑到省的长短。

由以上三点可以判断出,用胸围来推算胸省的省量是不合理的。那么,用什么方法能解决胸省的制图问题呢?这里将向读者介绍一种用两直角边的比来绘制胸省的方法,如图99-3所示。这种方法与上述两种方法相比,不但科学合理,而且用之方便,记之容易。

从大量的人体测量及反复的实践经验中得知,对于标准乳峰的女性体,用 3:15 的比来绘制胸省是令人满意的,如图 99-3 所示。对于乳峰偏高或乳峰偏低的女性体,可适量增减比值3:15 中的前一个数,后一个数始终固定,如取 3.5:15 或 2.5:15 等。

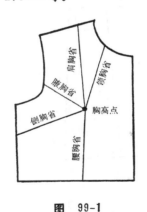

图 99-1

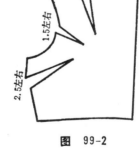

图 99-2

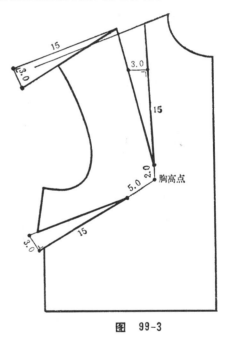

图 99-3

100. 传统的前肩省制图方法是否合理?

所谓的前肩省就是第99题中所说的肩胸省。传统的前肩省制图方法如图100-1所示。这种方法几乎是所有裁剪书中所介绍的唯一的肩省制图法则。由于这种方法是在凭经验、凭估计基础上产生的,因而是不合理的。下面就分析这种方法究竟不合理在哪里。

不管用什么方法制图,里肩缝和外肩缝在省道拼接后应成为一条直线(暂时不考虑由于体型变化而发生的弧形变化),而不是一条折线,如图100-2所示。传统的制图方法却很难做到这一点。

要使里肩缝和外肩缝在省道拼接后成为一条直线，里肩缝与外肩缝的夹角必须等于肩省的夹角，如图 100-3 所示。而在图 100-1 所示的制图方法中，里肩缝和外肩缝的夹角将随胸围、领围、肩阔、省量的变化而时大时小，成为一个不稳定夹角，即使与肩省的夹角相等，也纯属巧合。

从上述分析可知，**传统的前肩省制图方法是很不完美的。它之所以能被人们广为采用，是因为没有更好的方法取而代之。**

最后向读者介绍一种前肩省制图的几何移位法，如图 100-4 所示，图中的 x 是指前肩省的省量，后肩省也可按几何移位法制图。这种几何移位法在服装制图中已被广泛应用。

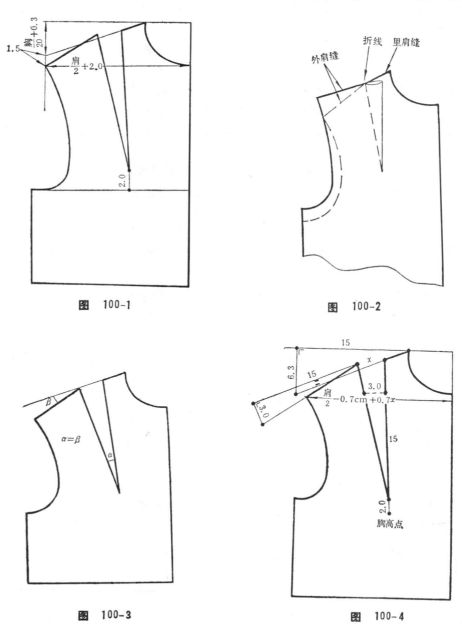

图 100-1

图 100-2

图 100-3

图 100-4

101. 根据袖笼的深浅来确定胸省省尖的纵向位置是否合理？

对于同一个女性来说，不管其夏季上装的胸围、款式如何变，前衣身(指基型)的上平线至胸高点的直线距离(称胸高位)必须与人体的颈肩点至乳峰点的曲线距离(称乳峰位)相一致。否则，胸省成型后所隆起的区域与人体的乳峰部位不相符合，从而达不到合体的要求。只有当内部有穿着层次时，胸高位才略大于乳峰位，两者之差约等于总层次的厚度。这结果是很容易理解的。然而，有些人不是根据人体的实际乳峰位来确定上装胸省省尖的纵向位置，而根据袖笼的深浅来确定胸省省尖的纵向位置，如图101-1所示。这种情况在裁剪书中到处可见。那么，这种方法为何不合理呢？

一方面，根据袖笼深的计算公式知道，对于同一个女性来说，其夏季上装的袖笼深与冬季上装的袖笼深最多相差6厘米左右。也就是说，如果按照袖笼深浅来确定胸省省尖的纵向位置，则胸省省尖的纵向位置将以6厘米的幅度随胸围、款式的变化而上、下波动着，从而使得上装的胸高位(因为省尖与胸高点的距离固定)变成了一个极不稳定的可变值。但同一个女性的乳峰位却是一个固定不变的稳定值。这样，上装的胸高点只能在极为偶然的情况下才与人体乳峰点相重合。

另一方面，对于不同的女性来说，其净胸围越大，则其乳峰位不一定越大；反之，其净胸围越小，则其乳峰位不一定越小。如矮胖体的乳峰位未必比瘦高体的乳峰位大。如果按袖笼深来确定胸省省尖的纵向位置，将会出现胸围越大，则胸高位越大，即使是矮个子亦如此；胸围越小，则胸高位越小，即使是高个子亦如此，因此，这样的方法是不妥当的。

我们认为，确定胸高位最好是以人体乳峰位的实际测量值及穿着层次的厚度为依据，具体计算方法为：

上装胸高位＝人体乳峰位的测量值＋穿着层次的厚度，如图101-2所示。其中，单件羊毛衫的厚度为0.4厘米，单件厚毛线衫的厚度为0.8厘米，单件西装的厚度为0.8厘米，总厚度可以累加计算。

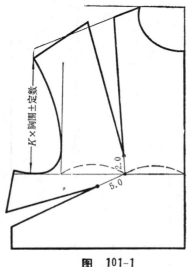

图 101-1

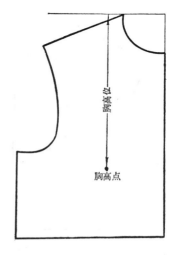

图 101-2

102. 胸省省尖为何时常不定在胸高点上?

无论是前衣身的胸省,还是袖子的肘省,西裤的后省,它们的省尖都与隆起中心相距一定的距离。下面就胸省来加以说明。

假设有二个等底的几何面:一个是抛物面,另一个是圆锥面。

现试将圆锥面按中央位置覆合在抛物面上,如图102-1所示,可以发现,圆锥面无法与抛物面全部重合。只要圆锥面的顶角小于180度,抛物面与圆锥面之间在顶部处就会出现空隙,并且,圆锥面的顶角越小,这个空隙就越大。

如果将圆锥面改成圆台,且圆台面的顶面刚巧与抛物面顶点相接触,则此时的空隙必然小于圆锥面与抛物面之间的空隙,如图102-2所示。

把抛物面看作乳峰,圆台面看作(近似的)胸省成型后的衣身局部,则圆台面的顶面四周就是省尖的位置。可见,省尖与胸高点必须相距一定的距离,当乳峰高度一定时,省角越大,

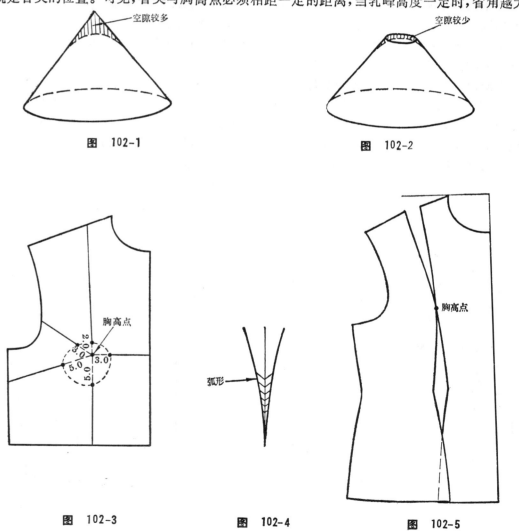

图 102-1

图 102-2

图 102-3

图 102-4

图 102-5

则省尖距胸高点越远;省角越小,则省尖距胸高点越近。反之,当省角一定时,乳峰越高,则省尖距胸高点越近;乳峰越低,则省尖距胸高点越远。

考虑到实际乳峰底部并不是一个正圆状,乳峰表面也不是四周对称的,所以,各个位置上的省尖距乳峰点的距离都不一样,如图 102-3 所示。为使成型后的上装胸部更能符合于乳峰的表面形状,靠近省尖处的胸省的省峰最好能划成弧线形,如图 102-4 所示。

当胸省融合在开刀中时,省尖即可消失,取而代之的是开刀切点,但开刀切点必须落在胸高点上,如图 102-5 所示。

103. 前肩省的省缝为何是呈内弧形的?

前肩省省缝的内弧形如图 103-1 所示,作这样的处理,是为了满足人体前肩膀处表面形状的需要。

如果我们仔细观察一下人体肩膀部位的表面形状,可发现,锁骨区域的表面是呈近似的双曲面状。表面的脂肪层越薄,这种双曲面状就越显著;反之,就越不明显。

根据钣金工展开知识可以了解到,双曲面在近似展开中的展开线都是呈内弧形的(这与球面或抛物面的情况相反)。因此,将肩省缝处理成内弧形,正是为了满足人体锁骨区域表面呈双曲面状的需要,从而使成型后的上装更符合于人体的外形。

其实,这不单对女装具有这样的要求,对于男装,同样有这样的要求。只是男装不存在省道或者在肩缝处断开的机会比较少,无法将其考虑进去。但在工艺制作时,可以将前肩缝中段处适当地拔开,如图 103-2 所示。如果有胸衬应将其处理成如图 103-3 所示的那样。其作用与女装肩省缝的内弧形作用一样,都是为了解决前肩部的双曲面问题。

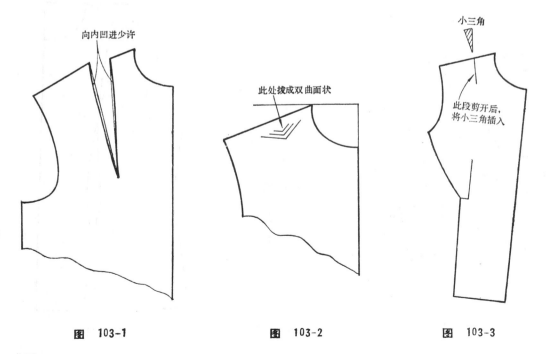

图 103-1   图 103-2   图 103-3

104. 为什么结合省道的开刀线路距胸高点越远,则省角越小?

从分解结构上来讲,来自于前胸部处各个方向的开刀线路都应通过胸高点,如图 104-1 所示。但由于人们往往更强调造型上的效果,而常有意将开刀线路偏离于胸高点。日本的服装特别注重这一点,很多的圆弧形开刀线路都是偏离(相对于胸高点)得较远,并且省角也比较小,如图 104-2 所示。为什么开刀线路与胸高点间的距离大小会改变省角的大小呢?这个问题与曲面的平面展开性质有关。

假设有一个开口比较大的抛物面,现分别取三种分解线路将其近似展开,如图 104-3 所示。从图中可知,当分解线通过抛物面的顶点时,平面展开图中的二展开线间的夹角最大,亦相当于开刀线路中的省角最大;当分解线通过抛物面的底部时,平面展开图中的二展开线间的夹角最小,亦相当于开刀线路中的省角最小;当分解线通过抛物面的中部时,平面展开图中的二展开线间的夹角介于最大和最小之间,亦相当于开刀线路中的省角介于最大和最小之间;当分解线路从抛物面顶点连续地移动到底部时,则平面展开图中的二展开线间的夹角也将从最大连续地降到最小,亦相当于开刀线路中的省角从最大连续地降到最小。由上述分析可知,省角的大小应根据开刀线路的偏离(相对于胸高点)程度而作适当调节。

必须说明,在缝制时,如果采取一些工艺归拔或缝纫吃势的措施,则此时的省角应比不采取措施时的酌量大一点。

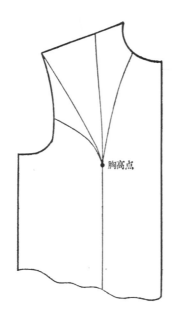

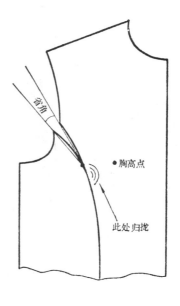

图 104-1   图 104-2

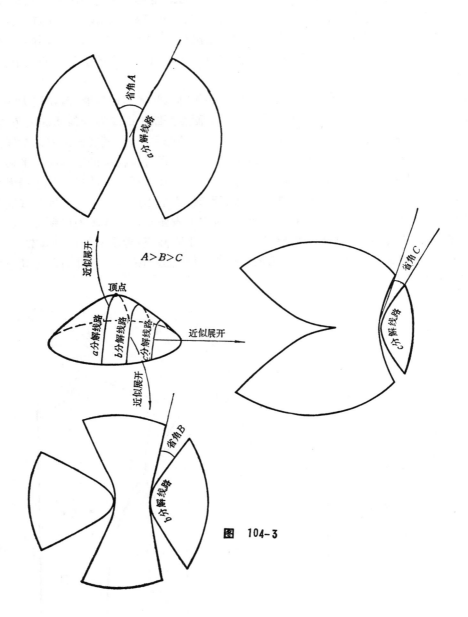

省角 A

a 分解线路

近似展开

顶点

a 分解线路

b 分解线路

c 分解线路

近似展开

$A>B>C$

省角 C

c 分解线路

近似展开

省角 B

b 分解线路

图 104-3

五、裤和裙

105. 裤子的后档缝困势应怎样确定？

后档缝困势即指后档缝上端处的偏进数量，如图 105-1 所示。若后档缝困势过小，则人体活动不便，下肢伸屈受牵制，后腰际下部不贴身，以致起"空"。反之，则人体活动利索，下肢伸屈方便，但站立时，臀部中心处易出现较多的竖直状波纹。

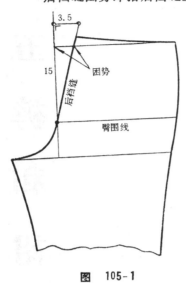

图 105-1

那么，后档缝困势应取多大才较为合理呢？有人认为，困势的大小与臀腰差有关。臀腰差越小，则困势也越小；臀腰差越大，则困势也越大。这对一般体型的人尚适用，但对特殊体型的人就不适用。因为他们忽视了凸臀肥肚等诸因素。

我们认为，困势的大小主要与臀部的高低（在直 档 相等的情况下）有关。臀部高者，其后档缝困势相应较大，臀部低者，其后档缝困势相应较小。因此，困势的大小只是一种用来刻画臀部高低的平面量度。

我们知道，两个不同身长但臀部高低相同的人，其臀部坡度不一定相等。因此，只用困势的大小来刻画不同身长的臀部高低是不够合理的。为此，我们可采用两直角边的比来刻画臀部的高低。具体方法如下：

对于无明显凸臀和无明显平臀者，其后档缝的倾斜程度为 15：3.5，如图 105-1 所示；对于凸臀和平臀者，其后档缝的倾斜度分别为 $15:(3.5+x)$ 和 $15:(3.5-x)$，其中 x 为酌情调整量。

106. 裤子的后翘是怎样产生的？它的大小又是怎样确定的？

裤子的后翘是指后腰缝线在后档缝处的抬高量，见图 106-1 所示。

一般地说，由于后档缝存在着困势，才导致了后翘的产生。如后档缝不存在困势，则此时就不需要后翘；后档缝困势越大，后翘也越大；反之则越小。

因为，当后档缝存在困势时，后档缝与后腰缝的夹角必大于 90°（假定此时后翘为零）。待后档缝缀合后，上端部将出现凹角，且后档缝困势越大，这凹角也越大。只有在凹角处随势划顺后腰缝，才能消除这凹角，于是就产生了裤子的后翘，见图 106-2 所示。

后翘太小易产生凹角，后翘太大易产生凸角，而且，静态站立时，后臀部会出现较多的横波纹。

后翘究竟取怎样的大小才算合适呢？从理论上讲，如果后侧缝的劈势为零，则后翘可依照图 106-3 所示的方法确

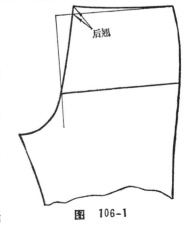

图 106-1

定；如果后侧缝存在一定的劈势，可依照图 106-4 所示的方法确定后翘；如果后侧缝出现相反的劈势，可依照图 106-5 所示的方法确定后翘。

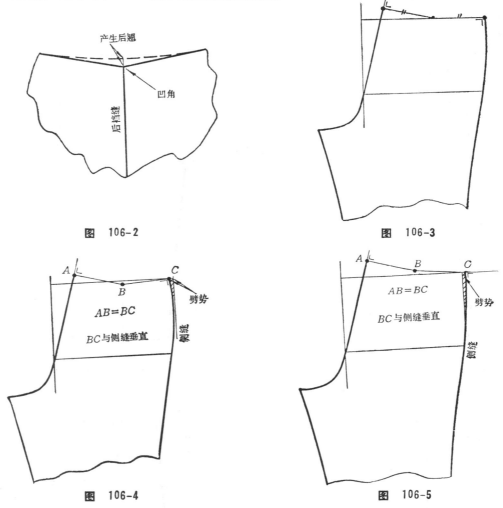

图　106-2

图　106-3

图　106-4

图　106-5

107. 为什么前裤身的裥位要偏离烫迹线 0.7 厘米左右？

无论是正裥还是反裥，裥位都要偏离烫迹线（简称裥偏差）0.7 厘米左右，见图 107-1 所示。

要回答这个问题，我们可以先作这样的分析，假如不收腰裥，单收腰省使省尖恰巧落在烫迹线上，见图 107-2 所示。再在这个腰省的基础上，将靠近侧缝的一条腰省缝平行外移 2 厘米左右，这就变成了反裥，见图 107-3 所示；将靠近前裆缝的一条腰省缝平行外移 2 厘米，这时就变成了正裥，见图 107-4 所示。无论何种情况，0.7 厘米左右的裥偏差总是存在的。如果裥偏差不存在，这等于取消了腰省，而且，使上端烫迹线不平顺，显然这是不合理的。当然，裥偏差不一定恒等于 0.7 厘米，这正如腰省不恒等于某一定数一样。一般情况下，臀围与腰围的差值越大，则裥偏差也越大；臀围与腰围的差值越小，则裥偏差也越小。其幅度通常在0.4厘米至1.0厘米之间。

　　由此可见,前裤身存在裥偏差是为了满足收腰省的需要,最终是为了满足腰下部处的球面状需要。

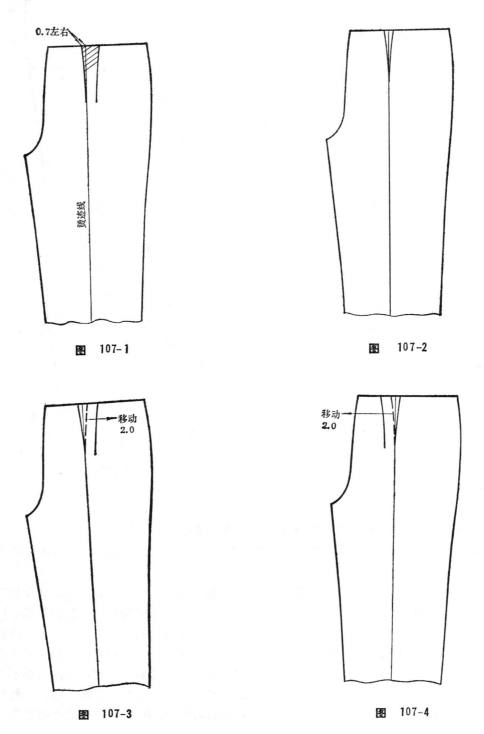

图　107-1

图　107-2

图　107-3

图　107-4

108. 西裤在臀围线处的后侧缝胖度为何应大于前侧缝胖度？

胖度是指轮廓线向外凸出的程度，这是一种通俗称法，而在数学上被称为曲率。在臀围线处的后侧缝曲率一定要大于前侧缝曲率，见图108-1所示，现作如下分析。

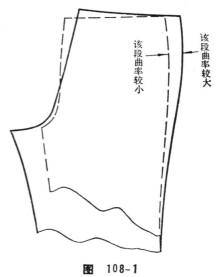

选取一个半径确定的球面，将它十等分，然后，在平面上近似展开。显然，这展开图中的展开线都呈外弧形状。如果去度量它的外弧程度，可用曲率来表示。可以推断，当球面的表面曲率越大（即半径越小），则其展开线的曲率也越大；当球面的表面曲率越小（即半径越大），则其展开线的曲率也越小。

由于后臀部表面的曲率大于前肚部表面的曲率，因此，在臀围线处的后侧缝的曲率应大于在臀围线处的前侧缝的曲率。

如果从工艺归拔的实践操作上去验证，也将得到上述结论。因为向内"归"的程度越大，则所"归"之处的轮廓线向内凹进的程度也越大。

图 108-1

109. 一般西裤的后裆深为何要比前裆深低一些？

通常情况下，西裤后下裆缝的斜度往往要大于前下裆缝的斜度。如果后裆深不低于前裆深，则后下裆缝的长度必大于前下裆缝的长度。要使它们具有相等的装配长度，只有将后裆深适当放低点。前后下裆缝的斜度差越大，则后裆深放低的尺寸越大，一般幅度控制在0.3厘米至1.3厘米之间。当然，除此之外，还应取决于吃势、拉伸、归拔等工艺性因素。

如果后下裆缝不采取吃势、拉伸、归拔等工艺性措施，则后裆深应放低至使前、后下裆缝长度恰巧相等为止，放低的尺寸约0.6厘米。

如果后下裆缝处的拔开的程度大于归拢的程度，则后裆深应放低至使后下裆缝比前下裆缝短0.3厘米左右为止，在此情况下的后裆深的放低尺寸约为1厘米。

如果后下裆缝处只是拔开而无归拢，则后裆深应放低至使后下裆缝比前下裆缝约短0.5厘米为止，放低的尺寸约为1.3厘米。

110. 西短裤的落裆深为何要大于西长裤的落裆深？

落裆深是指后裆深低于前裆深的尺寸大小，见图110-1所示。一般情况下，西长裤的落裆深总稳定在0.8厘米左右，而西短裤的落裆深可在0.8厘米至3厘米的范围内波动，出现这种现象的主要原因如下：

若在西长裤的后裤脚管上取几条不同位置的横向线，就可发现，自中裆线开始，越往上移，则横向线与后下裆缝的夹角就越大（以90°作起始角度），如图110-2所示，这主要是由后下裆缝太斜且略带弧形所致。由于前下裆缝的斜度较小，因此，在前裤脚管上的横向线与前下裆缝的夹角就接近于90度，如图110-3所示。一旦前、后下裆缝缝合，则下裆缝处的脚口必出现凹角。如果把后裤脚管上的横向线划成弧形状，使其与后下裆缝夹角保持90度，则就能消除这弊病。但修正后的后下裆缝将长于前下裆缝。显然，唯一解决的办法，只有增大落裆深。

由上述分析得知，后裤脚管上的横向线越往上移，则落裆深越需增大；越往下移（以中裆为界限），则落裆深越接近于西长裤的落裆深。因此，从这个意义上来说，落裆深的大小主要与裤长有关。

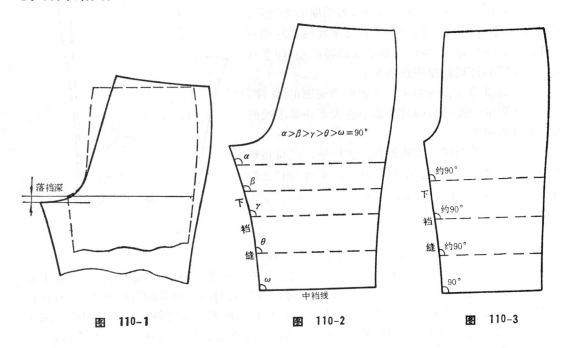

图 110-1　　　　图 110-2　　　　图 110-3

111. 为什么说,西裤的前腰小于后腰是不合理的?

这也许是受到了前臀小于后臀的影响，在计算前、后腰大时，往往采用"前减1厘米"和"后加1厘米"的裁剪计算方法，如图111-1所示。如果说，在臀围处的"前减1厘米"和"后加1厘米"是为了满足人体臀围的后半周大于前半周的外形的需要，使侧缝线能恰到好处地落在人体两侧的位置上，那么，在腰围处就并不具有这样前小后大的外形特点。因为，人体腰围的前后半周是基本相等的，严格地说，人到中年后，由于皮下脂肪的增厚，其腰围的前半周反而要大于后半周，粗腰或凸肚者就更甚。因此，"前减1厘米"和"后加1厘米"，不仅没有消除特殊体型带来的弊病，而且，还会使着装者穿着后的侧缝线（腰际处的一段）前移，造成实际的后侧缝困势减小。比较切合实际的解决方法应该是，对于正常腰围者，应按前、后相等（裥或省另加）的计算方法确定前、后腰大；对于粗腰或凸肚者，应该按"前＋C"和"后－C"的计算方法确定前、后腰大，如图111-2所示。其中，C表示前、后腰加减的尺寸（定数），其大小随粗腰或凸肚的程度适量选定，也可根据下列的计算公式确定：

$$C = \begin{cases} \dfrac{W^0 - 0.8H^0}{4} & \text{（男）} \\[3mm] \dfrac{W^0 - 0.75H^0}{4} & \text{（女）} \end{cases}$$

式中：W^0 为净腰围；H^0 为净臀围。

必须注意，正常腰围者的前、后腰大是相等的，它是以腰头扣在人体腰部最细的位置时的腰大。如直档偏短，腰大应是前腰小而后腰大，直档越短，前、后腰大的差值也越大，但最大不超过 0.8 厘米。

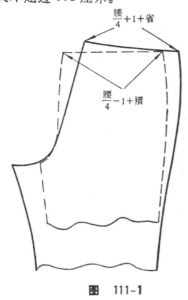

图 111-1

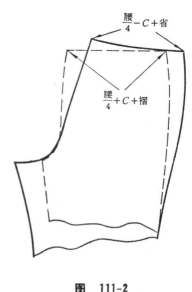

图 111-2

112. 怎样才能知道裙摆围的最小极限？

裙摆围的最小极限是指人在自然步行时恰巧受到裙摆阻碍状态下的裙摆围尺寸。一般地来说，裙摆围的最小极限与裙长(不包括开叉长)及面料的弹性有关。在面料确定的情况下，若裙子较短，则裙摆围的最小极限就较小；裙子较长，则裙摆围的最小极限就较大。反过来，在裙长确定的情况下，若面料的弹性较差，则裙摆围的最小极限就较大；面料的弹性较好，则裙摆围的最小极限就较小，甚至可小到使裙摆围的放松量为零的程度。

据测定，人体在自然步行时的脚的跨角一般在 30 度左右，如图 112-1 所示。不难看出，裙摆围的最小极限的大小与裙摆落在腿上的上、下位置有关。若裙摆上移，则裙摆围的最小极限就减小；若裙摆下移，则裙摆围的最小极限就增大。假如，将一条喇叭裙按图 112-2 所示的要求套在人体下部，使裙摆围达到最小极限，那么，此时喇叭裙的成型张角 β 也将达到最小极限。在这种情况下，每个不同长度位置上的裙摆围都存在着各自不同的最小极限。

通过分析和估算，可以得到裙摆围的最小极限的近似计算公式：
$$C = 0.9l + 0.68H^0 \quad (l \geqslant 0.36H^0)$$
其中，C 表示裙摆围的最小极限，l 表示裙长，H^0 表示净臀围。

上述的计算公式是以裙摆不开叉和面料弹性较差为前提的。如裙摆是开叉的，则可将上述公式改成：

$$C = 0.9(l - 开叉长) + 0.68H^0$$

其中，C 是指开叉处的裙围尺寸。

同样道理，鱼尾裙的最细处的裙围大小也可由上述公式求得：

$$C = 0.9l^0 + 0.68H^0$$

其中，l^0 表示裙腰至最细裙围处的长度。

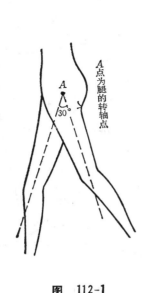

图 112-1

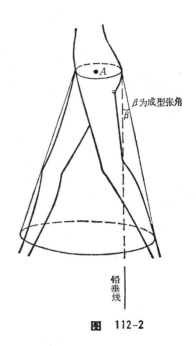

图 112-2

113. 无裥裤的腰缝线为何应划成内弧形？

有些裁剪书在介绍牛仔裤一类无裥裤的裁剪制图时，把腰缝线处理成直线形或外弧形，尤其是后裤身，如图 113-1 所示。如果将这种处理方法使用到旗袍裙上，人们马上会认为它是不合理的。但对于裤子，有些人并没有觉得它不合理。有的认为直线形合理，有的主张应处理成外弧形，有的则取用内弧形。究竟哪一种正确呢？请看以下分析。

我们知道，在任何情况下，臀围尺寸总是大于腰围尺寸的，两者之差简称为臀腰差。人们在裁剪裤子时，总希望将臀腰差尽可能地平均分布在腰缝线的四周。通常是分布在前、后裆缝、前、后侧缝和前、后省（或褶）中，如图 113-2 所示。在臀腰差不变的情况下，要消除腰褶或腰省，就意味着要将裆缝及侧缝上的劈势增大。劈势越大，则裆缝、侧缝与腰缝（假定是直线形的）的夹角就均越大于 90 度，从而使前、后裆缝及前、后侧缝在拼接后出现凹角现象，唯一的办法，只有将腰缝线处理成内弧形的，如图 113-3 所示。

那么，有褶省裤的腰缝线是否也应划成内弧形呢？严格地说，有褶裤的腰缝线也应划成内弧形，不过是作分段处理的，如图 113-4 所示。只是考虑到有褶省裤的部分臀腰差被分布到褶或省中后，使裆缝及侧缝的劈势显著减小，以致使裆缝、侧缝与腰缝（假定是直线形）

的夹角均接近于90度，所以才将有褶省裤的腰缝线近似地划成直线形。不过，当臀腰差较大时，必须将腰缝改成内弧形。

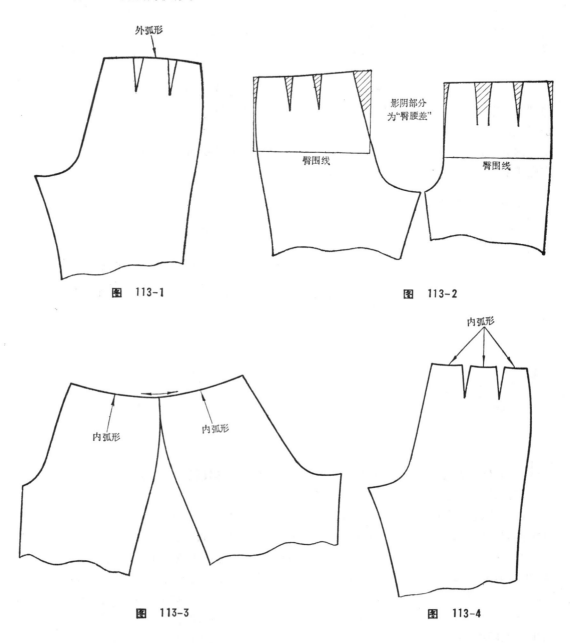

图 113-1

图 113-2

图 113-3

图 113-4

114. 西裤斜插袋的袋口线为何呈外弧形？

要使穿着后的斜插袋袋口线给人有直线形的感觉，那么，在平面裁剪时，必须将袋口线略往外凸一些，使其呈外弧形，如图114-1所示。反过来，如果在平面裁剪时，将袋口线划成直线形，则穿着后的袋口线必然会出现向内凹进（即呈内弧形）的现象，其理由如下：

① 立体中的曲线形状与其在平面中展开所得到的曲线形状并不一致。如果用**平面去斜截球面**所得到的相关（交叉重叠）线形状与其在平面中展开所得到的曲线形状并不一致，如图 114-2 所示。如果将平面与球面的相关线近似地看作穿着后的斜插袋的袋口线，将相关线在平面中的展开线近似地看作裁剪中的袋口线，那么，上面所提出的问题就能得到解释。其实，类似这样的例子很多，如中山装的门、里襟止口线，中山装胸袋袋底线和袋侧线等。

② 为了满足人体在斜插袋部位处的球面状需要。在工艺缝制时，须将袋口线略微收缩（归拢或吃势），使袋口下部能略微隆起。这样就可使袋口线向内凹进（假如裁剪时袋口线是呈直线形的）。

由此可见，为了要避免由于袋口的收缩而引起的袋口线向内凹进的不良现象，在裁剪时应先将袋口线向外凸一些，即使袋口线略呈外弧形。

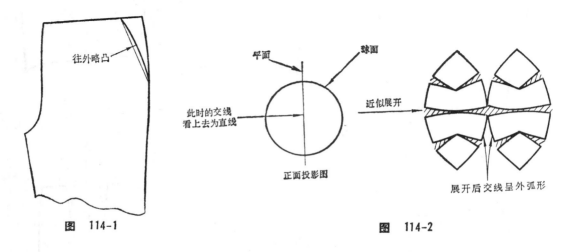

图 114-1

图 114-2

115. 为什么西短裤的脚口越小会引起档笼门越小、直档越深及前、后档弧线越直？

对于这个问题可以从两个方面来进行解释。

首先从西短裤的结构图本身来讨论其形状的完美性。如图 115-1 所示的是西短裤的标准结构图，它保证了前、后下档缝拼接后，整个档弧线具有很好的光滑性。

如果将其它部位尺寸确定好，先将脚口减到足够小（单边减小不影响问题的讨论），那么，此时的下档缝斜度变大，档弧线与下档缝的夹角变小。一旦前、后下档缝拼接后，整个档弧线势必在拼接处产生尖突现象，如图 115-2 所示，从而失去了处处光滑的完美形状。要消除这种不良现象，只有将直档加深和档笼门缩小，同时，档弧线也相应变直。单加深直档而不减小档笼门或单减小档笼门而不加深直档都会使档弧线长于或短于原来的档弧线。只有既加深直档又减小档笼门，如图 115-3 所示，才能保证修正后的前、后档弧线长度不变。

其次，假设人体的两个下肢夹角为 180 度，即下肢与股沟线所在的平面垂直，如图115-4 所示，那么，人体臀部的表面展开后所得到的股沟线必定是一条直线。脚口越小，则相当于两个档脚在立体（即穿着状态）中的夹角越趋向于 180 度。由此可见，脚口越小，档弧线必将越直，从而直档越深、裤笼门越小。如图 115-5 所示的是档弧线形状随脚口变化而变化的示意图，从图中，我们也可以看到脚口与裆笼门、直裆、裆弧线之间的相互依赖关系。

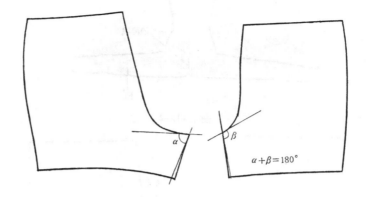

图 115-1

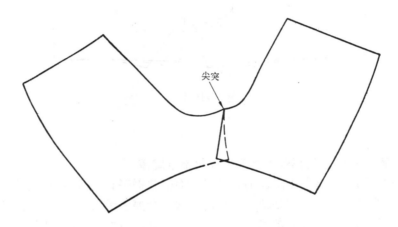

尖突

图 115-2

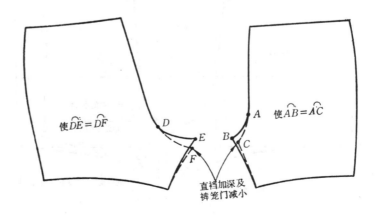

使 $\widehat{DE} = \widehat{DF}$

使 $\widehat{AB} = \widehat{AC}$

直裆加深及
裤笼门减小

图 115-3

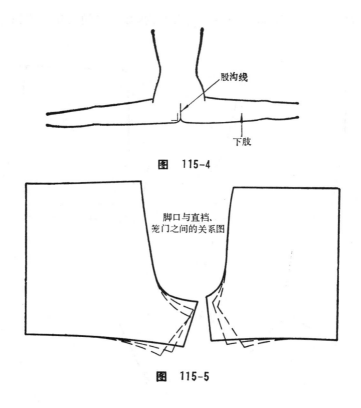

股沟线

下肢

图 115-4

脚口与直裆、
笼门之间的关系图

图 115-5

116. 如何以西短裤的结构图作为基型来变化出平脚裤？

会裁制西短裤而不会裁制平脚裤的人较多，而会裁制平脚裤而不会裁制西短裤的人却比较少见，这是为什么呢？一则是裁西短裤的实践机会要多于裁平脚裤的实践机会，二则是平脚裤的裁剪制图（包括部分的尺寸、形状、分解片数）与西短裤的有所不同，必须单独

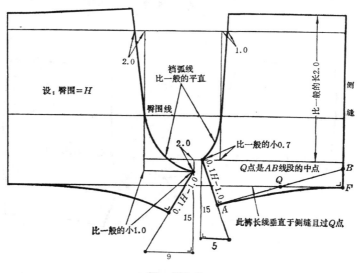

设：臀围＝H

2.0

1.0

档弧线
比一般的平直

臀围线

比一般的长2.0

侧缝

2.0

比一般的小0.7

Q点是AB线段的中点

0.1H-1.0

0.1H-1.0

B

Q

F

比一般的小1.0

15

15

A

此裤长线垂直于侧缝且过Q点

9

5

图 116-1

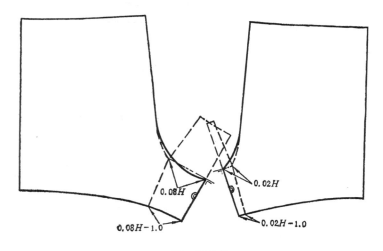

图　116-2

记忆。显然，不是经常接触的东西当然是不易记住的。如果平脚裤是从西短裤中变化出来的，那么，就不会产生会裁制西短裤而不会裁制平脚裤的奇怪现象。这也是建立服装基型（包括上装、裤、裙基型）的优越性所在。下面就介绍如何利用西短裤来变化出平脚裤的方法。

　　如图116-1所示的是经过调节后的西短裤的结构图，图116-2是在图116-1的基础上变化出的平脚裤的示意图。利用这种方法制图，步骤虽然多了一些，但思路清楚，便于记忆，可以推广。

117. 如何以西短裤的结构图作为基型来变化出阿罗裤（即双裆裤）？

　　与第116题的道理一样，阿罗裤的结构图只有在西短裤的基础上变化出来，才容易记

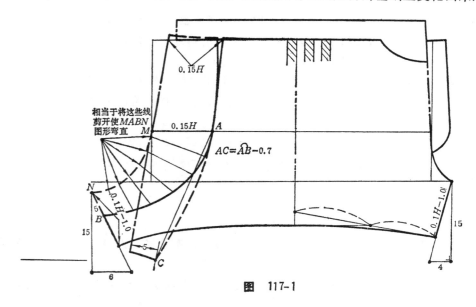

图　117-1

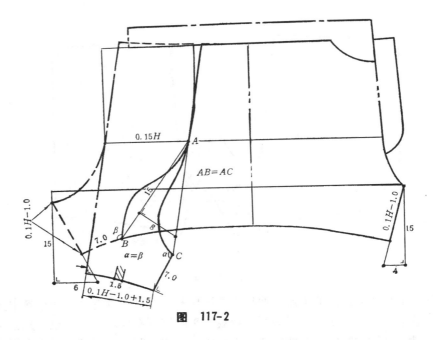

图　117-2

住。如果也是用几个定数独立裁剪制图，则必定会因不常接触而被忘却。更何况,阿罗裤的结构比平脚裤的结构更为复杂。

阿罗裤一般有两种式样:一种是裆下有裀,另一种是裆下无裀。

如图117-1所示的是在经过调节后的西短裤结构图基础上变化出的无裀式阿罗裤的示意图。

如图117-2所示的是在经过调节后的西短裤结构图基础上变化出的有裀式阿罗裤的示意图。

118. 为什么在臀围相同的情况下,裙裤的裆笼门要宽于西裤的裆笼门?

会裁制裙裤的人都知道,裙裤的裆笼门应宽于西裤的裆笼门,这是何原因呢? 在解释这个问题之前,应先弄清楚裙裤的裆笼门宽是怎样确定的。

我们知道,裙裤的造型特征是"看似裙,实为裤",因此,除裆笼门外, 裙裤在横裆围度上与人体相应部位之间的空隙一定大于西裤的空隙。脚口越大,意味着这种空隙也越大,从而裆笼门必定也越大,否则,前、后裆缝处的裙身就撑不起来。

由此可见,在裤长一定的条件下,裆笼门宽与裙裤的脚口大小有关。

由于裙裤在任何情况下的脚口总是大于西裤的脚口(当裤长相同),因此,裙裤的裆笼门总宽于西裤的裆笼门。

119. 为什么在裙长和臀围一定的条件下, 裙摆围越小, 则腰省越大;裙摆围越大, 则腰省越小?

众所周知, 单从裙子的轮廓形状而言,裙款的变化主要反映在裙摆围 的 大 小上。相比之下，裙臀围的变化较小，裙腰围几乎无变化。一般情况下，摆围大于臀围时的腰省比较小，甚至无腰省。这样的裙子形状，人们称它为圆台形（俗称喇叭式）。摆围小于臀围时的腰省往往比较大。这样的裙子形状，人们称为倒圆台形（俗称旗袍式）。摆围等于臀围的裙子形状为圆柱形（俗称直统式），它的腰省大小介于前两者之间，现分析如下。

图 119-1

如图119-1所示的是裙摆围变化过程的示意图。从图中我们不难看到，无论裙摆围怎样变化，裙侧线始终与臀围邻近的部位相切。当裙摆围达到足够大时，裙侧线与人体腰围之间的空隙将接近于零。这说明裙摆围达到最大时，腰部可以不收省。随着裙摆围逐渐变小时，裙侧线与人体腰围之间的距离也逐渐拉开。这说明裙摆围逐渐变小时，裙腰所收的腰省逐渐变大；当裙摆围最小时，裙侧线与人体腰围之间的距离将变得最大，从而腰省也收得最大。由此可见，在一定条件下，腰省的大小是与裙摆围有关的。

120. 为什么裙子的腰缝线在后中央处要低落1厘米左右？

一般情况下，裙子的后中央腰缝线要比前面的低落1厘米左右，如图120-1所示。尤其对于裙摆偏小、臀部贴身的一类裙子更应如此。否则，裙子穿着后将出现裙摆前高后低、裙身涌向前面的不良现象，如图120-2所示。如此时的前中央开叉，则将产生前叉"搅盖"的弊病；而后中央开叉，则将产生后叉"豁开"的弊病，这将严重影响裙子的穿着效果。这些弊病的产生与女性体腰际部位的前后差异有关。

我们知道，东方女性与西方女性相比，臀部略有下垂，致使后腰至臀部之间的斜坡显得偏长而又平坦，并在上部处略有凹进，腹部有明显的隆起现象。从侧面观察，腰际至臀底部之间呈 S 形，如图120-3所示。

如果裙腰扣上后能处于绝对的水平状态，那么，此时的裙子就不会产生上述的一系列弊

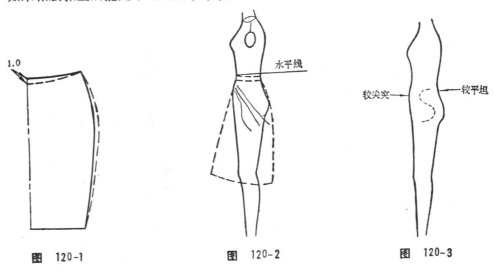

图 120-1   图 120-2   图 120-3

病,但实际情况中的裙腰很难能处于水平状态,或多或少会出现前高后低的不良情况, 如图120-2所示。这是因为,腹部的隆起使得前裙腰向斜上方向移升,后腰下部的平坦使得后裙腰下沉。于是,一升一沉就使得整个裙腰处于前高后低的非水平状态,从而导致裙摆的前高后低。如此时使后腰缝线在后中央处低落1厘米左右,就能使裙摆恢复到平衡状态。

121. 侧缝处的裙腰缝为何需要起翘？其大小怎样确定？

起翘是由侧缝上端的劈势所引起的。侧缝的劈势使得前、后裙身拼接后,在腰缝处产生了凹角。劈势越大,凹角也越大,而这起翘的作用就在于能将这凹角得到填补, 如图121-1所示。

读者是否注意到这样两个问题:(a)如果没有一定的绘划法则,在侧缝劈势相同的条件下,不同的人所划出的侧缝线弯度可能不一样,如图121-2所示。这将关系到前、后裙身拼接后出现的凹角大小。(b)在同一个凹角的条件下,不同大小的起翘都能将此凹角得到填补,如图121-3所示。这将关系到起翘的大小是否唯一。如果这两个问题能够解决,则起翘也就随之而确定。

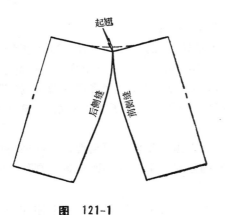

图 121-1

图 121-2

图 121-3

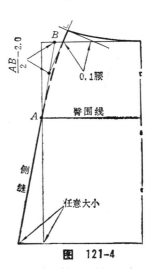

图 121-4

为此,我们先规定一种侧缝线弯度的绘划法则,然后, 在此基础上再规定起翘的绘划法则,如图 121-4 所示。

理论和实践都表明,采用上述绘划法则所确定的起翘是可靠的。

122. 怎样绘划喇叭裙的腰缝圆弧线和裙摆圆弧线?

有些裁剪书采用如图 122-1 所示的方法绘划喇叭裙的圆弧线。这种方法虽较简单,但只是种近似的方法。在张角较小的情况下才是适用的, 在张角较大的情况下, 则裁剪误差较大。

相比之下,采用圆规绘划圆弧线是最合理的,但是采用圆规制图毕竟不太方便。因为裁剪时,必须要具备一个很大的圆规,喇叭裙张角越小,该圆规也就越大,如图 122-2 所示。

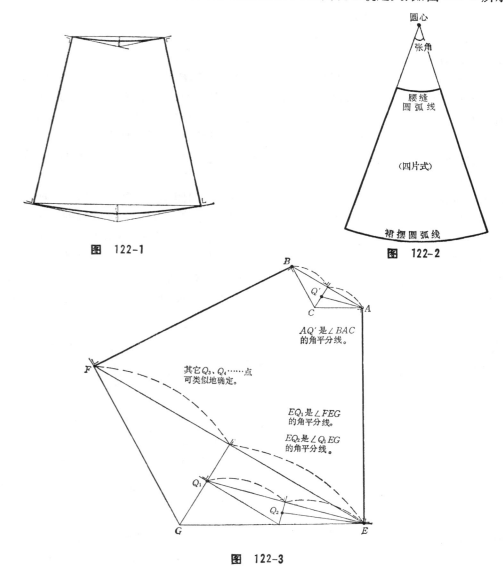

图 122-1

图 122-2

图 122-3

为此，我们将向读者介绍一种既方便又严格的绘划方法，如图 122-3 所示。可以证明，按此方法所绘划得到的圆弧线必定是正圆圆周中的其中一段，且上、下两条圆弧线具有同一圆心。

根据如图 122-3 所示的绘划法则，可以取得无数个能落在正圆圆周中的点，但这仅仅是一种理论上的结论。在实际情况下，只需要确定几个有限的关键点就足够了。张角越大，需要确定的点也越多，反之则越少。

由于喇叭裙的张角较小，用如图 122-2 所示的方法所确定的点非常接近于用如图122-3所示的方法所确定的点，因此，当张角较小时，可采用如图 122-2 所示的近似方法进行绘划。

123. 为什么臀围较小的喇叭裙要有腰际劈势？

如图 123-1 所示的称为腰际劈势。凡臀围较小的喇叭裙都应按图 123-1 所示的要求裁剪制图。这是为什么呢？

从几何学角度上来说，成型后的喇叭裙(设腰际无劈势)是一个标准的圆台形，如图123-2 所示的虚线部分，而女性体的腰下部却呈近似的球台形，如图 123-2 所示的实线部分。如果喇叭裙的臀围恰巧等于或稍大于女性的净臀围，那么，喇叭裙在腰臀之间的各围度尺寸必小于女性体相应部位的围度尺寸，如图 123-2 所示的虚、实线对比，于是就产生了裙腰固定、裙身被顶向腰部的不良现象，其结果表现为裙腰下出现多余的皱纹，即起雍，且裙臀围放松量越小，起雍越严重。

要消除起雍的方法是，加大腰臀之间的各围度尺寸，如图 123-3 所示，以尽可能地满足女性体腰下部球面状的需要，由此产生了喇叭裙的腰际劈势。当然，腰际劈势的大小与臀围放松量有关。臀围放松量越小，则腰际劈势越大；反之，则腰际劈势越小。当臀围放松量大于 15 厘米时，可以不需要腰际劈势。除此以外，腰际劈势的大小还与裙片数有关。因为在臀围放松量一定的条件下，裙片数将决定腰际劈势在整个腰围中的平均分布程度。裙片数大，则说明每个裙片所分配的腰际劈势小；裙片数小，则说明每个裙片所分配的腰际劈势大。

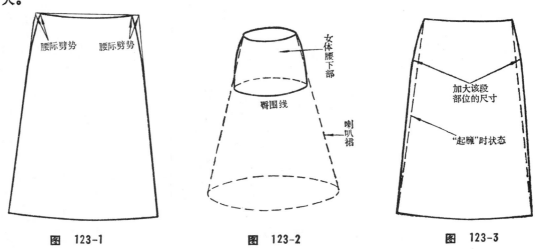

图 123-1　　　　图 123-2　　　　图 123-3

124. 喇叭裙的裁剪制图方法有哪几种?有没有既合理又简便的方法?

社会上的喇叭裙裁剪制图方法一般有圆规法、公式法、定数法三种,下面介绍这几种方法。

(1) 圆规法

圆规法是以圆规为工具的制图方法。其核心是确定作弧的半径。当喇叭裙的**腰围**(设 W)、摆围(设 V)及裙长(设 L)已知时,则作弧的半径(设 R)可按如下公式计算:

$$R = \frac{W \cdot L}{V - W} = \frac{\frac{W \cdot L}{x}}{\frac{V - W}{x}} = \frac{\frac{W}{x} \cdot L}{\frac{V}{x} - \frac{W}{x}} \text{,如图 124-1 所示。}$$

其中 x 表示裙片的等分数。

由上述公式得知,喇叭裙的裙片等分数与作弧的半径无关。也就是说,在其它条件相同的情况下,二片式与四片式的作弧半径是相同的。当喇叭裙的腰围和张角(设 α)已知时,则作弧的半径可按如下公式计算:

$$R = \frac{0.0175W}{\alpha} = \frac{0.0175 \cdot \frac{W}{x}}{\frac{a}{x}} \text{,如图 124-2 所示。}$$

上述公式同样说明了喇叭裙的裙片等分数与作弧的半径无关。

(2) 公式法

以腰围尺寸为依据来推算腰缝的起翘,简称为公式法,如图 124-3 所示。

(3) 定数法

以某一个定数来固定腰缝的起翘,简称为定数法,如图 124-3 所示。

对于上述三种方法,我们认为,圆规法虽然严格合理,但因其使用不便而不被人们所广为采用。相反,公式法虽较简便,但计算公式却极不合理。因为,腰缝的起翘大小是由裙长、腰围、摆围、裙片等分数诸因素共同决定的。同样,定数法与公式法并无多大区别。那么,有没有既合理又简便的裁剪制图方法呢?

我们知道,如果沿用公式法相仿的思路去建立一个较为合理的计算公式,那这个公式势必包含着很多的变化参数,因而显得太繁复。如果换一个角度去分析喇叭裙的几何性质,我们就不难从图 124-4 所示的几何性质中推导出如下喇叭裙的裁剪制图方法。

设腰围(W)、臀围(H)、裙片等分数(x)、臀高位(P)(即腰缝至臀围线的距离)是已知的,则有:

$$\text{tg}\alpha = \frac{H - W}{2xP} = \frac{0.5\left(\frac{H - W}{x}\right)}{P} \quad \left(x \leqslant \frac{1}{2}\right)$$

如果将 P 固定,使 $P \approx 17$ 厘米,则有:

$$\text{tg}\alpha = \frac{0.6\left(\frac{H - W}{x}\right)}{20} \quad \left(x \leqslant \frac{1}{2}\right)$$

具体制图方法可参见图124-5。

　　如果将已知条件中的臀围(H)换成摆围(V)，臀高位(P)换成裙长(L)，则上述公式的形式仍然不变。即为：

$$tg\alpha = \frac{0.5\left(\dfrac{V-W}{x}\right)}{L} = \frac{0.1\left(\dfrac{V-W}{x}\right)}{0.2L} \qquad \left(x \leqslant \frac{1}{2}\right)$$

　　具体制图方法可参见图124-6。　相比较而言，将臀围作为已知条件要比将摆围作为已知条件更具有实际意义，因为摆围的最小限度很难确定。有时会单纯地追求小摆围而无意地把臀围或胯围尺寸裁得偏小，以致穿着后的喇叭裙出现腰缝下周围起雕的弊病。

　　在采用上述介绍的喇叭裙制图方法时，必须注意以下两点：

　　①　当臀围放松量小于15厘米时，应该放一些腰际劈势，以免胯围的尺寸裁得偏小。具体裁剪制图方法不变，只需将W换成$W+$总腰际劈势便可。设总腰际劈势为q，则有：

$$tg\alpha = \frac{0.5\left(\dfrac{H-W-q}{x}\right)}{P}$$

　　具体制图方法可参见图124-7。

　　②　当臀围放松量大于15厘米，且$tg\alpha > \dfrac{1}{2}$时，可以参照裙片等分数为$2x$的情形裁制喇叭裙。例如，二片式的喇叭裙可当作四片式的喇叭裙来裁制，三片式的喇叭裙可当作六片式的喇叭裙来裁制，这样可避免较大的（主要是臀围尺寸）误差。

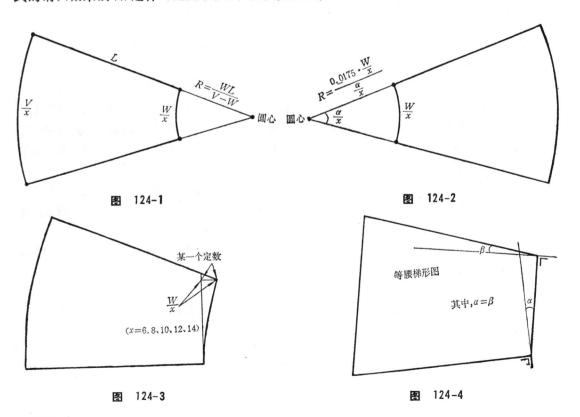

图　124-1　　　　　　　　　　　　　　　　　　　　图　124-2

图　124-3　　　　　　　　　　　　　　　　　　　　图　124-4

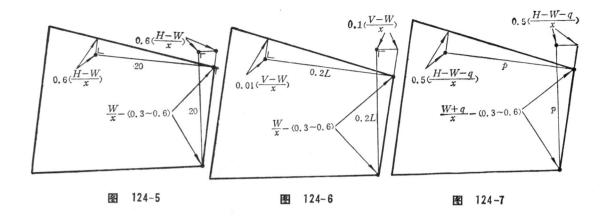

图 124-5   图 124-6   图 124-7

125. 如果喇叭裙的裙片数是不等分的,则应如何裁剪制图?

仍设腰围(W)、臀围(H)、臀高位(P)(即腰缝至臀围线的距离)是已知的,再设各裙片的腰大 W_1、W_2、W_3……W_n 都是已知的,其中 $W_1 + W_2 + W_3 + \cdots\cdots + W_n = W$,如图 125-1所示,则有:

$$tg\alpha_1 = \frac{W_1 \cdot (H - W)}{2WP}$$

$$tg\alpha_2 = \frac{W_2 \cdot (H - W)}{2WP}$$

$$\cdots\cdots$$

$$tg\alpha_n = \frac{W_n(H - W)}{2WP}$$

这就是裙片数不等分情况下的喇叭裙裁剪制图的一般公式。

同样,将 P 固定,使 $P = 17$ 厘米,则可得到如下的简化公式:

$$tg\alpha_1 = \frac{0.006W_1 \cdot (H - W)}{0.2W}$$

$$tg\alpha_2 = \frac{0.006W_2 \cdot (H - W)}{0.2W}$$

$$\cdots\cdots\cdots\cdots\cdots\cdots$$

$$tg\alpha_n = \frac{0.006W_n \cdot (H - W)}{0.2W}$$

具体制图方法可参见图 125-2。

如果将已知条件中的臀围(H)换成摆围(V),臀高位(P)换成裙长(L),则上述一般公式的形式仍然不变,即为:

$$tg\alpha_1 = \frac{W_1 \cdot (V - W)}{2WL}$$

$$tg\alpha_2 = \frac{W_2 \cdot (V - W)}{2WL}$$

$$\cdots\cdots\cdots\cdots$$

$$tg\alpha_n = \frac{W_n \cdot (V - W)}{2WL}$$

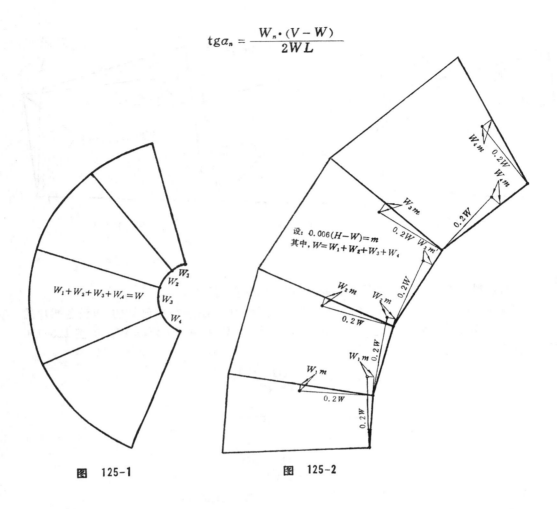

$$W_1 + W_2 + W_3 + W_4 = W$$

设：$0.006(H-W)=m$
其中，$W=W_1+W_2+W_3+W_4$

图 125—1   图 125—2

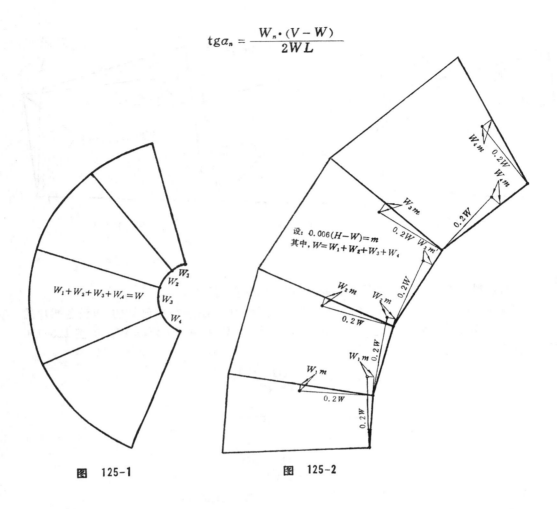

六、其他

126. 为什么上装门襟处的横钮眼外端要略超出叠门线？

我们知道，门里襟扣上后，门襟上的叠门线应与里襟上的叠门线重合。不然，会使胸围变大或变小，有时还会破坏服装的外观效果。

钮扣的位置一般处在里襟的叠门线上。由于要受到工艺及材料的限制，钉好的钮扣缝线变成了留有一定直径的绳状形态，如图126-1所示。假如，横钮眼的外端正好落在叠门线上，那么，一旦门里襟扣上后，门襟上的叠门线势必被钮扣缝线往里襟方向推移进去，其推移的尺寸，就是钮扣缝线的半径之长。由此可见，要使门、里襟的叠门线重合，必须将横钮眼的外端略超出叠门线，超出的尺寸，恰巧是钮扣缝线的半径之长，一般为0.2厘米至0.5厘米，如图126-2所示。

图 126-1

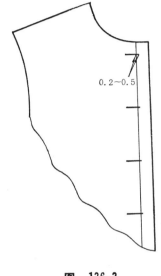

0.2~0.5

图 126-2

127. 为什么后翘角、摆角、肩端角等都应保持直角？

后翘角是指西裤后裆缝与腰缝间的夹角，摆角是指上装的摆缝与底边线之间的夹角，肩端角是指肩缝与袖笼线之间的夹角。当然，这样的定义是很不严格的。因为，所谓夹角只能是指二直线（或二平面或直线与平面）之间的夹角。而上述腰缝、底边线、摆缝、袖笼线等都是弧线。从几何角度来讲，后翘角应该是指后裆缝与腰缝在后裆缝相交点处的切线之间的夹角，同样，摆角和肩端角的正确定义也可由此而得到，如图127-1所示。

那么，为什么要将这些夹角划成直角呢？我们认为，将摆角（以摆角为例）划成直角是为了使前、后摆缝拼接后的底边线处处圆顺、光滑。否则，在摆缝处的底边线将出现凹角或凸角。

在裁剪制图中，须保持直角的部位到处可见。例如，领中角、袖笼底角、袖口角等，如图127-2所示。

这里必须指出，并不是所有两个拼接部位的夹角互成直角，才能使拼接后的边沿线圆顺、光滑。其实，只要两个拼接部位的夹角互为补角（即两角之和为180度），就能使拼接后的边沿线圆顺、光滑。如摆缝偏移后的袖笼底角及西裤的裆缝底角、颈肩角、后袖山角等，都属于这种两夹角互补的情况，如图127-3所示。从这个意义上来说，两拼接部位的夹角互成直角仅是两拼接部位的夹角互补的一种特殊情况。当拼接线与边沿线垂直时，两夹角互成直角；当拼接线与边沿线非垂直时，二夹角互补。

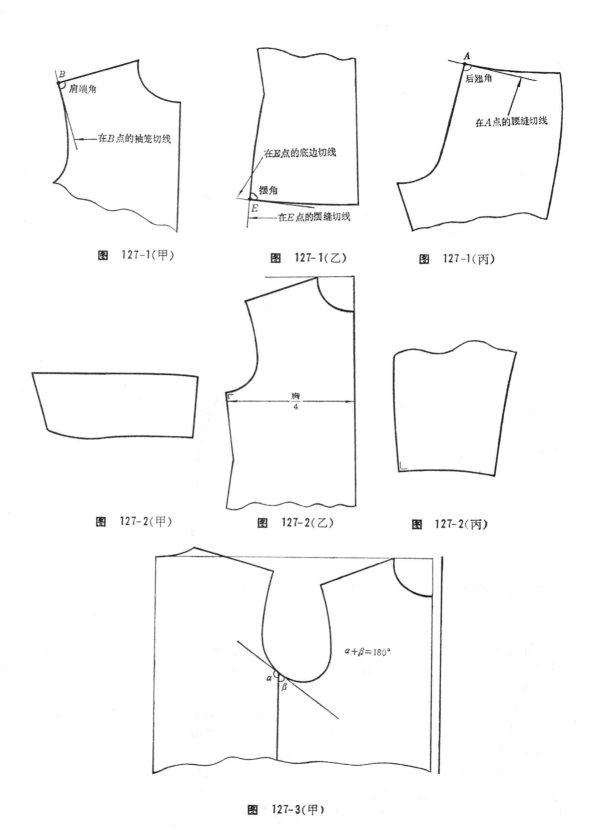

B
肩端角
在B点的袖笼切线

图 127-1(甲)

在E点的底边切线
摆角
E
在E点的摆缝切线

图 127-1(乙)

A
后翘角
在A点的腰缝切线

图 127-1(丙)

图 127-2(甲)

胸
4

图 127-2(乙)

图 127-2(丙)

$\alpha + \beta = 180°$
α β

图 127-3(甲)

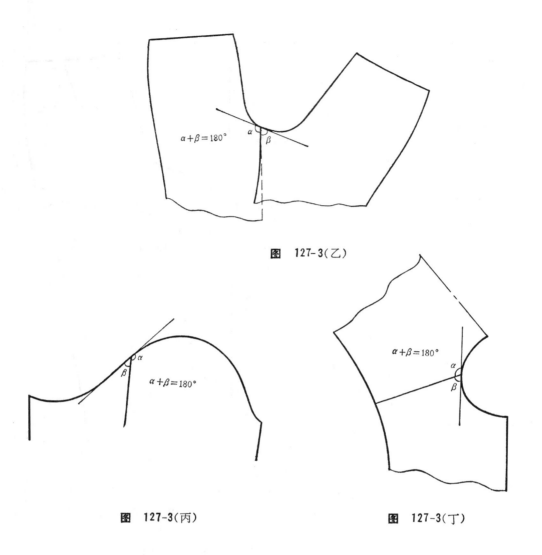

图 127-3(乙)

图 127-3(丙)   图 127-3(丁)

128. 人体的跨步和抬腿是否一定因直档越深而越要受到牵制？

有人认为，西裤的直档越深，则人体的跨步和抬腿就越受到牵制。其实，这种说法并不完整。

我们认为，人体的跨步和抬腿是否受到牵制不单纯与直档的长短发生关系，而与直档、臀围放松量、横档放松量、面料的弹性等所构成的综合因素有关。在这些诸多因素中，直档因素是主要的。

在臀围放松量、横档放松量均较小，且面料的弹性较差的条件下，直档越深则将使两腿摆动的转轴点越往下移，从而使步幅越小。这与圆规的支点越往下移，则张量越小的道理一样。它说明了人体的跨步和抬腿只有在上述条件下的直档越深时才越要受到牵制。

反过来，在直档深和面料的弹性均一定的条件下，臀围放松量和横档放松量均越大，则人体的跨步和抬腿越方便。或者在直档深和臀围放松量、横档放松量均一定的条件下，面料的弹性越好，则人体的跨步和抬腿越方便。它说明了臀围放松量和横档放松量均达到足够大时,或面料的弹性达到足够好时,直裆的深浅将变成次要因素。

综上所述,直裆越深,则人体的跨步和抬腿越要受到牵制的结论不一定在任何条件下都成立。如灯笼裤就是直裆较深、但跨步自如的典型例子。

129. 人体的手臂活动是否一定因袖笼越深而越要受到牵制?

这个问题与第128题有着类似的道理,所不同的是,手臂与腿各自的主要活动形式不同,以致于他们各自所受到的牵制程度不同。举手以增大腋下角是手臂的主要活动形式,如图129-1所示,而跨步和抬腿以增大跨角是腿的主要活动形式。比较手臂与腿各自的活动特征,不难知道,在同等条件下,手臂的活动要比腿的活动更易受到牵制。

与第128题中的道理一样,袖笼越深,人体的手臂活动越要受到牵制这一说法也是不完整的。因为袖笼深、浅不是手臂活动是否受牵制的唯一制约因素。手臂活动是否受牵制应与袖笼深、胸围放松量、臂围放松量、袖开深、面料的弹性等这些综合因素有关。下面的讨论是以具有普通弹性的面料为前提的。

在胸围放松量、臂围放松量均较小的条件下,袖笼越深(袖开相应越深),则袖子转动点越下,以致于袖子的外展张量越小,如图129-2所示,这样就使手臂的活动越要受到牵制。它说明了只有在胸围放松量、臂围放松量均较小的条件下,才有袖笼越深(袖开相应越深),手臂的活动越要受到牵制的结论。

在袖笼深一定的条件下,臂围放松量越大,则袖开深越浅,以致袖子的外展张量越大,这样使手臂的活动越不易受牵制,它说明了臂围放松量达到足够大时,袖笼深、浅的因素将变得无关紧要,如蝙蝠衫就是如此。

由此可见,必须在胸围放松量和臂围放松量均较小的条件下,才能说袖笼越深,则手臂的活动越要受到牵制。

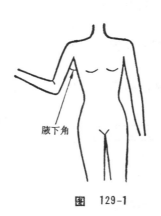

图 129-1

图 129-2

130. 为什么在身长相同的条件下,胖体者的衣长要比瘦体者的衣长略长一点?

根据测量要求,测量身长实际上是在测量人体在平面上的投影总长度。显然,这样的测量结果跟人体的胖瘦无关。

如果,胖体者和瘦体者穿着同样长的上装,则穿着后的结果使胖者在平面投影上的衣长短于瘦体者在平面投影上的衣长。这是什么原因呢?因为,胖体者表面的脂肪层要远厚于瘦体者表面的脂肪层,以致胖体者的前、后表面曲线总长要长于瘦体者的前、后表面曲线总长,如图130-1所示。由于服装覆盖于人体表面,当胖体者和瘦体者穿着等长的上装后,会出现平面投影上的衣长不相等的现象。要使两者具有相等的平面投影衣长,那只有略微增加胖体者的衣长。

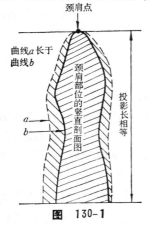

图 130-1

类似地,由于冬季的内部穿着层次要多于春、秋季的内部穿着层次,因此,冬季的上装衣长往往要长于春秋季的上装衣长。

131. 为什么在同样条件下,厚上装胸围要大于薄上装胸围?

这里所谓的厚上装是指里层装有夹里或内部有衬头、衬绒、棉花、腈纶棉、鸭绒等使其存在一定厚度的一类上装,薄上装是指一般的单衣。

对于薄上装来说,裁剪制图中的上装胸围与成型后的上装胸围是相等的(排除各种缩率及工艺误差)。但对于厚上装来说,这两个用不同测量标准测量得到的胸围就不相等。因此,当上装存在一定厚度时,其成型后将形成两个胸围,即外圈胸围和内圈胸围,如图131-1所示。

诚然,从人的穿着感觉来说,胸围必须以内圈的为准,不然将会使人产生胸围偏小的感觉。既然如此,那就应该以内圈胸围为依据,来确定人体穿着的实际胸围。考虑到服装面料的弯曲特性,无论服装面料多么厚,当其形成围圆状时,平面展开时的长度始终等于形成围圆状时的外圈周长,如图131-2所示。由此推断,如果直接将厚上装的内圈胸围作为裁剪制图中的胸围,那么,成型后的实际内圈胸围必然减小,减小的尺寸约为6×上装厚度。要使成型后的实际内圈胸围不变,就应按下列的胸围尺寸去裁剪制图。裁剪胸围等于内圈胸围(即穿着胸围)+6×上装厚度。

这个裁剪胸围就是成型后的外圈胸围。如果以外圈胸围为标准作为厚上装的成品规格胸围,那么,很显然,对于同一个人穿上同一个品种来说,厚上装的胸围自然要大于薄上装的胸围。

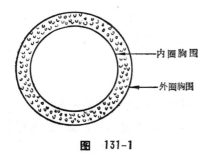

图 131-1

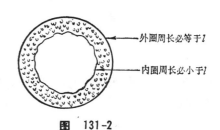

图 131-2

132. 为什么胸围放松量较大的宽松式上装可以不考虑曲面造型？

所谓上装的曲面造型是泛指能符合人体表面起伏的吸腰、胸省一类局部造型。相反地，我们称无吸腰、平胸等无高低起伏的一类局部造型为平面造型。

读者是否注意到这样一个事实，凡具有明显曲面造型效果的一类上装，其胸围放松量都比较小，而凡胸围放松量较大的上装，一般都属于平面造型类，为什么这样说呢？

首先应该承认，制做服装的面料毕竟不是刚性材料，而是一种柔性材料。因而，制成的服装在其内部没有任何物体支撑的条件下，不可能会自然形成人体表面一样的立体形态。这就是说，我们所制成的服装一定要依靠物体的支撑，才能形成立体形态。当然这个物体就是人体。

一件曲面造型的上装只有依靠人体表面的支撑才有可能取得其曲面造型的效果。试想，如果该件上装的胸围放松量很大，那么，它的曲面造型会由于人体与上装的间隙太大而很难被支撑出来。既然如此，还不如干脆将曲面造型改成平面造型。因此，胸围放松量较大的上装一般是不考虑曲面造型的。相比之下，当胸围放松量较小时，它的曲面造型却容易得到人体表面最充分的支撑。因此，曲面造型的上装，其胸围放松量往往较小。

133. 为什么有些袖笼深度及袖笼放松量均满足要求的西装还会产生不同程度的腋下牵制感？

众所周知，西装的袖笼深度不够及袖笼放松量不足是产生腋下牵制感的主要因素。但这些因素并不是唯一的。除此以外，腋下牵制感的产生还与胸、背宽、袖斜线倾角和胸衬的硬度等诸因素有关，如图 133-1 所示。为什么这样认为呢？不妨作如下分析。

人体在自然站立时，手臂与胸部间存在微小的夹角。假如，在任何条件下，西装袖笼能与人体腋围处在同一位置上，那么，腋下牵制感仅仅与袖笼深度及袖笼放松量有关。但在实际穿着中，西装袖笼往往会向外偏离人体的腋窝，其原因在于：一方面，西装的胸、背宽均大于人体的胸、背宽，再加之胸衬的原因，使得袖笼下部外偏；另一方面，在袖斜线倾角较大的条件下，由于手臂具有外展的趋势，使袖笼下部受到了来自于袖内弧线向外的横向拉力，以致袖笼下部进一步外偏。当然，袖笼的外偏并不一定都会产生腋下牵制感，但外偏要比不偏的情况容易产生腋下牵制感。

在袖笼深及袖笼放松量不变且满足要求的情况下，胸背越宽、袖斜线倾角越大、胸衬越硬，则袖笼向外偏离腋围的程度越大，外偏到一定程度时，前袖笼下部必然会对腋下手臂处产生一种压迫力，如图 133-2 所示，于是就产生了腋下牵制感。

由上述分析可知，如果在袖笼深及袖笼放松量满足要求的情况下，仍产生腋下牵制感，则可按如下方法进行修正：

① 增加袖笼深度。

② 减窄胸背宽，尤其是胸宽。

③ 降低胸衬硬度。

④ 加长袖斜线，如图 133-3 所示。

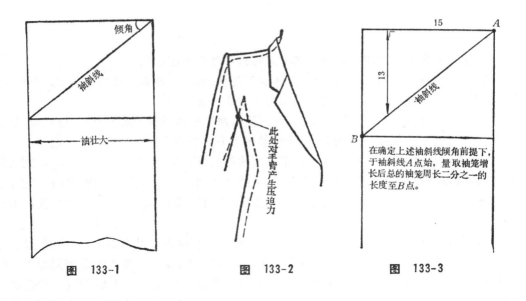

图 133-1　　　　　图 133-2　　　　　图 133-3

图133-1中标注：倾角、袖斜线、袖壮大

图133-2中标注：A、此处对于臂产生压迫力

图133-3中标注：15、13、A、B、袖斜线、在确定上述袖斜线倾角前提下，于袖斜线A点始，量取袖笼增长后总的袖笼周长二分之一的长度至B点。

134. 服装上的静态性波纹是怎样产生的？

静态性波纹是指服装在人体静态站立时所出现的条状波纹。如袖子向前和向后会出现袖山头处的斜向波纹，如图134-1所示。再如西装的后横开领过小及前颈肩处没拔开会出现前领肩处至前袖笼深处的斜向波纹，如图134-1所示。类似这样的病例可以罗列多种（不包括属于正常的动态性波纹）。

图 134-1

图134-1中标注：斜向波纹、斜向波纹

那么，产生静态性波纹的最本质、最普通的原因是什么呢？我们认为，主要有以下两个：

① 服装中某一个方向上的长度明显短于人体相应部位的实际长度，使得服装在该方向上受到了来自于人体的作用力。

② 服装中某一个方向（该方向与将要产生的波纹垂直）上的长度明显长于人体相应部位的实际长度。

上述两个原因将为我们怎样去消除或预防静态性波纹提供了一条有效的途径。例如，西装的前颈肩处至前袖笼深处的斜向波纹，就是由于该波纹方向上的长度短于人体相应部位的实际长度所产生的。消除的方法是，加大后横开领及拔开前颈肩部位以增加该波纹方向上的长度。再如西装的前颈肩处至前袖笼中上段处的斜向波纹，就是因为该波纹的垂直方向上的长度大于人体相应部位的实际长度所产生的。消除的方法是，加大前肩斜度，以减短该波纹的垂直方向上的长度。

135. 对于开门领，由胸围来推算前、后横开领是否合理？

按习惯的裁剪方法，关门领（或开关领）的前、后横开领总是由领围推算的，开门领的前、后横开领却大部分是由胸围推算的，如图135-1所示。由胸围推算前、后横开领固然有其优越之处。如可减少领围的测量环节，计算步骤较简化等。但它同时也产生了一些无可忽视的问题。例如：

① 由胸围推算得到的前横开领大实际上包括了劈门，但劈门究竟算作多大，一般是不标明的。这就使得一部分人，尤其是初学者对于开门领结构有无劈门缺乏足够认识，甚至将开门领结构与无劈门划上等号，由此造成了不必要的概念混乱。

② 由于缺乏劈门的独立计算值及绘划步骤，使挺胸凸肚者的劈门得不到应有的增加（裁剪精通者不会犯此类错误，但初学者时有所犯）。

③ 由于无劈门线，故前肩阔只能从中心线算起，因此，造成了开门领结构的前肩阔计算式与关门领结构的前肩阔计算式不一致，如图135-2所示。有时，开门领结构的前肩阔计算式也有一定的波动，这就造成了不必要的记忆负担。

由此可见，采用胸围推算前、后横开领并没有体现出很大优越性。既然这样，还不如干脆改用领围推算前、后横开领之方法。这样既统一，又不会产生上述三个问题。不过开门领的领圈可由下列方法求得：

$$领圈 = \begin{cases} 0.4\,胸围 - 2\,厘米 & 西装、春秋衫等 \\ 0.4\,胸围 - 1\,厘米 & 大衣等 \end{cases}$$

另外，还需掌握开门领与关门领的前、后横开领各相差1厘米的原则，如图135-3所示。

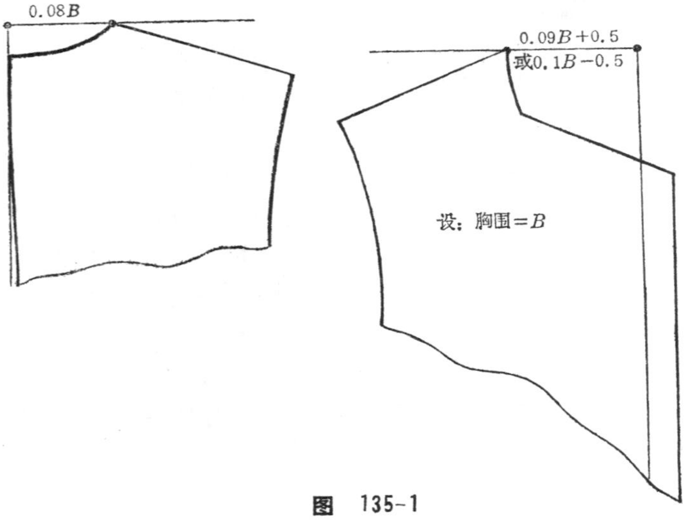

图 135-1

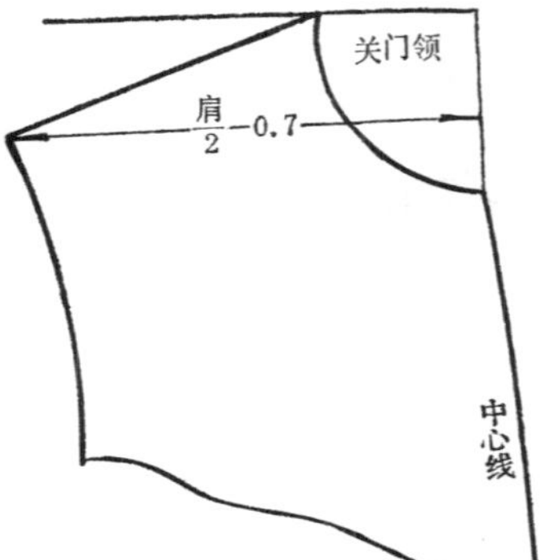

图 135-2(甲) 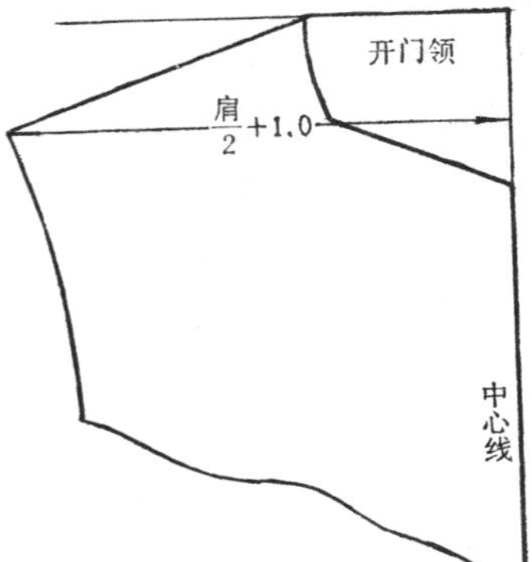   图 135-2(乙)

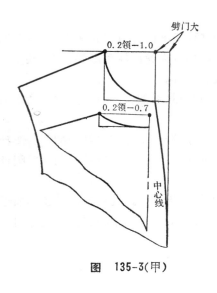

图　135-3(甲)

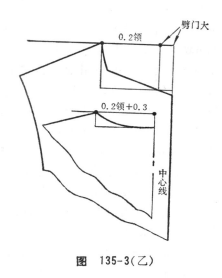

图　135-3(乙)

136. 怎样确定服装的围度放松量？

围度是泛指人体的胸围、腰围、臀围、领围等，有人简称为人体的四周度。围度放松量是指在人体净围度尺寸的基础上再加放松量。对于胸围则称胸围放松量，对于臀围则称臀围放松量，其它依此类推。

夏季服装有夏季服装的围度放松量，冬季服装有冬季服装的围度放松量，西装有西装的围度放松量，茄克衫有茄克衫的围度放松量。不同的服装都会因其穿着季节、穿着年龄、穿着者胖瘦、品种、面料性能等不同而有着不同的围度放松量。因此，要想在这众多的因素下正确而迅速地确定各种服装的围度放松量，的确是一件艰难的事，尤其对于初学者。

下面我们将向读者介绍一种较有规律的确定围度放松量的方法。

首先假设，净胸围为 B^0，净腰围为 W^0，净臀围为 H^0，净颈围为 N^0，净胸围增量（在胸围的穿着层次外围测量一周的尺寸减去净胸围之差）为 ΔB^0，净腰围增量为 ΔW^0，净臀围增量为 ΔH^0，净颈围增量为 ΔN^0。

(1) 上装胸围（包括大衣、连衣裙）

男、童胸围放松量 $= (10\sim 20 厘米) + 0.7\Delta B^0$

女胸围放松量 $= (6\sim 16 厘米) + 0.7\Delta B^0$

(2) 上装领围（包括大衣、连衣裙）

男、女、童领围放松量 $= (2.5\sim 4.5 厘米) + 0.2\Delta B^0 + 0.7\Delta N^0$

(3) 下装臀围（不包括喇叭裙）

男、童臀围放松量 $= (4\sim 14 厘米) + 0.7\Delta H^0$

女臀围放松量 $= (2\sim 12 厘米) + 0.7\Delta H^0$

(4) 下装腰围

男、女、童腰围放松量 $= (0\sim 3 厘米) + 0.7\Delta W^0$

其中净围度增量不一定非要通过测量获得，也可根据下列方法求得：

① 如穿着层次为羊毛（或尼龙）衫、裤，则：

$$\Delta B^0 = \Delta N^0 = \Delta H^0 = \Delta W^0 = 2 \text{ 厘米。}$$

若无领子,则 $\Delta N^0 = 0$

② 如穿着层次为粗绒线衫、裤,则:

$$\Delta B^0 = \Delta N^0 = \Delta H^0 = \Delta W^0 = 4 \text{ 厘米。}$$

若无领子,则 $\Delta N^0 = 0$

③ 如穿着层次为棉毛衫、裤,则:

$$\Delta B^0 = \Delta N^0 = \Delta H^0 = \Delta W^0 = 1 \text{ 厘米。}$$

若无领子,则 $\Delta N^0 = 0$

④ 如穿着层次为全夹上装,则:

$$\Delta B^0 = \Delta N^0 = 4 \text{ 厘米。}$$

若无领子,则 $\Delta N^0 = 0$

值得一提,对于领围的穿着层次为衬衫领或中山装领一类立翻领,则 $\Delta N^0 = 4$ 厘米;若为学生装领一类的立领,则 $\Delta N^0 = 2$ 厘米。

在使用上述确定围度放松量的方法的同时,还必须考虑到下列因素。

对于体型较胖者、青年、面料弹性优良等条件,则围度放松量可偏小一点;对于体型较瘦者、老年儿童、面料弹性较差等条件,则围度放松量可偏大一点。

上述所介绍的方法只适用于外衣,而不适用于内衣,另外对于因流行所致的宽松型时装也不适用。

137. 为什么从一般意义上来说,先裁纸样后复衣片要比在布料上直接裁剪快得多?既然如此,那代客裁剪者又为什么都采用后者而不采用前者呢?

在一般人心目中,在布料上直接裁剪要比先裁纸样后复衣片快得多。也许,有些情况确实这样,如男衬衫、中山装、西裤等一类定型服装的裁剪都是前者快于后者。然而,对于花式服装,尤其是结构复杂的服装,就不能这样认为。

我们知道,凡裁剪单件(条)服装时所用的布料用量常常是限定的。这就是说,在裁剪服装的同时,还必须考虑到衣片在有限布料中的布局问题(即排料),不然用料尺寸就会超过限定尺寸。

如果在动手裁剪之前能对该件(条)服装的衣片布局了如指掌,并且该件服装的结构又不太复杂,不用说,在布料上直接裁剪肯定要比先裁纸样后复衣片快得多。

如果在动手裁剪之前并不知道该件服装的衣片布局,而是要靠边裁边思考才能获得衣片布局,那么,先裁纸样后复衣片自然要比在布料上直接裁剪快得多。理由很简单,裁剪完毕后再全面排料所花掉的时间要少于边裁边思考所花掉的总(累计)时间。

由于定型服装毕竟占极少数,因此,从一般意义上来说,先裁纸样后复衣片要比在布料上直接裁剪精确而又要快得多。

既然如此,那代客裁剪时为何不采用前种方法呢?对此,我们认为,有些代客裁剪者之所以不采用这方法,是出于某种神秘的心理作用。因为,代客裁剪者在布料上进行裁剪操作时,犹如其在向旁观者作"即兴表演",具有一定的观赏性,这与钢琴家的优美弹姿所具有的观赏性一样。谁的裁剪姿势越优美、动作越熟练,观赏者就认为其裁剪水平越高,试想,要是在众目睽睽之下，用纸样去复衣片，则上述的这种观赏性将大大降低，从而起不到"故弄玄虚"的目的。正是这样一种神秘的心理作用，大凡代客裁剪者都不愿先裁纸样后复衣片。尽管这种方法既合理又迅速，也不敢有人越雷池一步。

138. 为什么说，西装"轻"到一定程度时，很难体现出"挺"的效果？

"轻"、"挺"似乎已成了人们对西装工艺质量的共同要求，也是对西装工艺质量最简炼的概括。然而，是否想到，过分地追求"轻"，反而会破坏"挺"的效果，因为这两者具有一定的依赖关系。

所谓西装的"挺"应该是指西装的表面处处光滑、圆顺，且无任何大小的皱纹，除此以外，还应具有良好的稳定性。这种稳定性表现在西装能较好地依附在人体的表面，不会因某种动势或微微轻风的作用而出现较大幅度的"飘荡"。

上述的这种稳定性大小与西装的重力大小（即重和轻）有关。西装"重"则其稳定性好，"轻"则其稳定性差，西装越"轻"则其稳定性越差，从而越易"飘荡"。由此可见，"飘荡"的西装是很难体现"挺"的效果的。因此，西装的"挺"必须以其重量不得低于某一个最小限度为前提，重量过"轻"将适得其反。

139. 为什么有些西装穿觉很"轻"，有些西装穿觉很"重"？

有些西装穿在身上，似乎与没有穿的感觉一样，这种现象称之为穿觉很"轻"。而有些西装穿在身上则会使人觉得有一种明显的压迫感，这种现象称之为穿觉很"重"。为什么同样是西装会产生两种截然不同的穿着感觉呢？

我们认为，这与西装在人体肩膀上的接触面大小有关。接触面较大，说明人体肩膀在单位面积上所受到的压迫力较小，因而觉得穿之较"轻"。而接触面较小，说明人体肩膀在单位面积上所受到的压迫力较大，因而觉得穿之较"重"。

当西装的肩斜度（指内部）与人体的实际肩斜度完全一致，且西装在围度方向上的各部位与人体相应部位之间都隔着一层均匀的空隙，则这样的穿着将会使人觉得穿之最"轻"。

当西装的肩斜度与人体的实际肩斜度存在较大差距，且西装在围度方向上的大部分与人体相应部位之间或多或少地相互压迫着，则这样的穿着将会使人觉得穿之最"重"。

140. 怎样根据上装胸围或衣长尺寸来近似推算其它各部位尺寸？

对有些初学者来说，定型服装的规格搭配是一件比较困难的事情。如某一个胸围约配多大的肩阔和领围，某一个衣长约配多长的袖长和腰节长，他们很难准确而迅速地回答。这固然与他们缺少大量感性认识有关，当然，任何一个部位的尺寸都可通过直接测量而获得。这里向初学者介绍的仅仅是一种通过近似推算而获得某一个部位尺寸的非测量方法。

① 假定上装胸围已知，则：

$$肩围 = \begin{cases} 0.4 胸围 + 2.0 厘米 & 男 \\ 0.4 胸围 + 1.0 厘米 & 女 \end{cases}$$

$$领围 = \begin{cases} 0.4\,胸围 - 3.0\,厘米 & 衬衫 \\ 0.4\,胸围 - 2.0\,厘米 & 两用衫、春秋衫等 \\ 0.4\,胸围 - 1.0\,厘米 & 大衣、滑雪衫等 \end{cases}$$

② 假定上装衣长(如两用衫、西装、衬衫等)已知,则:

$$袖长 = \begin{cases} 0.82\,衣长 & 男、女长袖 \\ 0.3\,衣长 + 1\,厘米 & 男、女短袖 \end{cases}$$

$$腰节长 \doteq 0.6\,衣长 \qquad 男、女$$

141. 我国的西装与欧美国家的西装相比,在造型上有何区别?

众所周知,我国的缝制工艺,尤其是西装的传统缝制工艺,可谓达到炉火纯青的境界。然而,这一切并没有改变我国西装(主要指男西装)在世界时装舞台上的形象。"中山装外形加装领子"几乎成了我国西装的代名词。经观察,我国的西装与欧美国家的西装相比,其区别主要表现在以下六个方面:

① 在肩部方面 欧美西装的特点是,肩平而薄,且略有上翘(即呈内弧形),整个肩部略呈双曲面状。我国西装的特点是,肩坍而厚,且略带外弧形,整个肩部似抛物面状。

② 在袖子方面 欧美西装的特点是,袖壮和袖口偏小,袖弯势足,"火腿形"明显。我国西装的特点是,袖壮和袖口偏大,袖弯势不足,"火腿形"显不出来。

③ 在规格方面 欧美西装的特点是,衣偏长,袖偏短,肩偏窄,胸、背阔适中,胸围放松量偏小,袖笼放松量恰如其分。我国西装的特点是,衣偏短,袖偏长,肩偏阔,胸、背偏阔,胸围放松量偏大,袖笼放松量偏小。

④ 在局部造型方面 欧美西装的特点是,吸腰显著,领脚偏低,翻领偏窄,领驳头夹角接近90度,腰节偏上,袋位偏高。我国西装的特点是,吸腰不明显,领脚偏高,翻领偏阔,领驳头夹角在70度左右,腰节不偏,袋位偏低。

⑤ 在工艺方面 欧美西装的特点是,止口薄而顺直,胸衬和面子复合犹如一体,整体效果为"轻薄"而不随风"飘荡",挺括而不失柔软。我国西装的特点是,止口和胸衬均极厚,整体效果为,虽然挺括但十分坚硬,虽然充实饱满,但非常笨重。

⑥ 在穿着要求方面 欧美西装的特点是,不同的穿着层次备有不同胸围的放松量的西装。如有的西装专适合于衬衣外面穿着,有的西装专适合于一件羊毛衫外面穿着等,每种穿法的胸围有效放松量和袖笼有效放松量都达到最佳状态。我国西装的特点是,对不同层次的穿法不十分讲究,普遍情况都是从衬衫到两件羊毛衫外面混穿同一胸围放松量的西装。

142. 基型裁剪法与原型裁剪法有何区别?

原型裁剪法是创立于日本而盛行于东南亚及港澳地区的一种科学裁剪法。其特点是,以人的净体数值为依据,确定一个最近似、最概括、最基本的人体表面的平面分解图,然后以此为基础进行各种服装的款式变化。基型裁剪法则由我国在借鉴原型裁剪法的基础上进行适当修正、充实后提炼而得到的。因此说，基型裁剪法起源于原型裁剪法，但又有别于原型裁剪法。

以上装为例，基型裁剪法和原型裁剪法都以图142-1所示的平面分解图作为各种服装款式变化的基本图形。换言之，两者都以上述的基本图形作为一种新的几何坐标系，然后根据款式、规格的要求，在该坐标系上采用调整、增删、移位、补充等手段有条不紊地划出各式

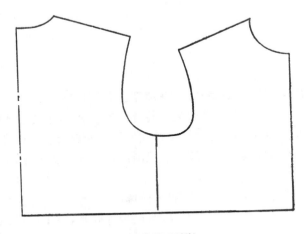

图 142-1(甲)

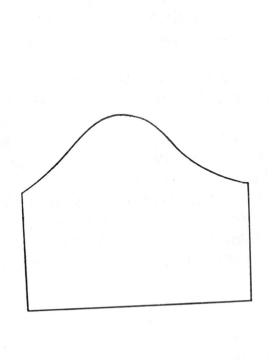

图 142-1(乙)

图 142-2(甲)

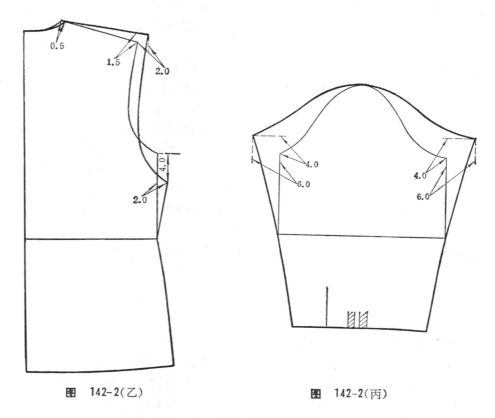

图　142-2(乙)　　　　　　图　142-2(丙)

服装的平面结构图,如图 142-2 所示。这就是原型裁剪法的核心思想和精华部分,也是基型裁剪法所要吸收、借鉴的原因所在。

除了上述相同之处外,基型裁剪法和原型裁剪法的主要区别在于:

原型裁剪法的基本图形主要是由人体净胸围加上 10 厘米为基数推算绘划得 到 的,因而,各围度的放松量另需待放,而基型裁剪法的基本图形主要由服装成品胸围推算绘划得到的,因而,存在着比较令人满意的各围度放松量。所以,在基本图形上变化出样时,原型裁剪法必须考虑到各围度放松量和款式差异两个因素,但基型裁剪法只要考虑款式的差异便可。

当然,基型裁剪法在我国还刚刚起步,且各类裁剪书对基型的理解和认识又不一致,各方有各方的一套基型裁剪法(主要反映在计算方法或绘划法则上)。因此,基型裁剪法至今仍还没有真正形成一套完整而又严密的理论体系。

143. 为什么要将圆装袖的平面结构图作为上装的基形呢?

无论是日本的原型裁剪法,还是国内的基型裁剪法,都是以如图 142-1 所示的圆装袖结构图作为推出花式上装的基本图形的（简称基形）。目前,还不曾见过将套肩袖结 构 图或连袖结构图等作为上装的基形,更没见过将中装结构图作为上装的基形。这是什么原因呢?

根据曲面的平面展开理论可以知道，如果以曲面中的圆弧形交线作为展开线，如图143-1所示，则该曲面（在同一总长展开线条件下）平面展开的近似效果必定达到最佳状态，这样的展开图也必定是最合理的。

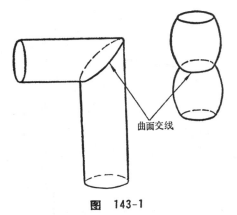

图 143-1

曲面交线

人体中的颈根线、腋围线都可看作是人体这一特殊曲面中的圆弧形交线。如果我们将这些圆弧形交线作为展开线，则人体表面的平面展开图，即圆装袖上装的平面结构图必定是最合理的。其中，肩缝、摆缝展开线的产生是为了使前、后身的丝缕能独立选择，前中心展开线的产生是为了解决人体表面的封闭问题。

由此可见，将圆装袖上装的平面结构图作为上装的基形，正是考虑到圆装袖上装的平面结构要比其它任何一种上装的平面结构更符合于人体的表面。因而，这样的基形要比将其它任何一种结构图作为上装的基形都要合理。

144. 服装平面结构合理性的基本要求是什么？

在同一款式、同一规格的条件下，运用不同裁剪制图方法可能会出现在某些局部存在差异的不同平面结构图。即使是同一裁剪制图方法，有时也难免会出现这种情况。如有的前横开领大于后横开领，而有的则相反；有的袖笼凹势很大，有的则袖笼凹势很小；有的腰缝呈外弧形，而有的腰缝呈内弧形等，这样的例子举不胜举。这是否意味着服装平面结构图不需要任何制约，当然不是，从理论上来说，在两个同一款式、同一规格条件下存在差异的平面结构图中，必有一个是较不合理的，一个是较为合理的，或两个都不太合理，但不可能两个都是合理的，于是就产生了服装平面结构的合理性问题。为此，我们提出服装平面结构合理性的三个基本要求。

① 结构图的具体形状要基本符合人体表面平面展开后的近似形状。如各轮廓线的相互位置、轮廓线的曲直、内外弧度、斜度等都应与人体表面展开线的实际情况相接近。

② 结构图中各部位的具体尺寸都必须等于或大于人体表面相应部位的实际尺寸。对于合体或比较合体类服装，其结构图中各部位的尺寸比例尽量与人体相应部位的尺寸比例相接近。不仅如此，而且确定结构图中各部位具体尺寸的计算公式要基本符合人体净胸围增长、穿着层次增长、胸围放松量增长这三个要求。

③ 结构图中各轮廓线相互吻合的相对位置必须正确，尤其是曲线（包括直线、折线）与曲线相互吻合的相对位置要正确。如袖山头弧线与袖笼线吻合的相对位置、领底线与领圈线吻合的相对位置等都要正确。

这就是服装平面结构图中的形状、尺寸、定位的三个基本要求。

145. 为什么净样裁剪制图要比毛样裁剪制图合理？

尽管净样裁剪制图所体现的许多优越性为越来越多的人所认识，但毛样裁剪制图还是占有相当的市场。我们并不否认，毛样裁剪制图固然有其操作快速和排料方便的优点（不然怎么会沿用至今呢），但我们也不得不指出，毛样裁剪制图比较净样裁剪制图有着较大的缺陷，它主要表现在以下三个方面。

① 在小于180度的尖角方向上所留的缝子宽度将小于实际的缝子宽度，如图145-1所示，角度较小，则这种现象越严重。

② 任何毛样弧线的曲率均大于或小于相应的净样弧线曲率，如图145-1所示。

③ 具体绘划时不如净样干净利索，便于变化。

④ 不适用于教学，不利于制图规范化。

所以，从这个意义上来说，净样裁剪制图要比毛样裁剪制图合理。

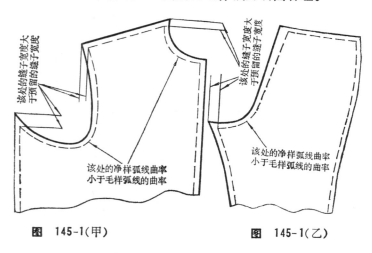

图 145-1(甲)   图 145-1(乙)

146. 怎样运用服装纸样推移法解决省道、皱褶等类的结构问题？

许多业余裁剪爱好者一般不大愿意强记那些烦琐的裁剪计算公式及绘划法则，尤其对初学者更觉头痛，他们总希望能有一种既简单又便于变化的裁剪方法。而服装纸样推移法（简称纸样推移法）正是这样一种裁剪方法。它无需强记大量的裁剪计算公式和一系列绘划法则，只要先划好一张极易简单的基本服装纸样（实际上就是服装基型），然后在此基础上按照具有规律性的推移法则，变化出其它服装的结构图。省道和皱褶等类的结构问题都可以通过这种推移法来彻底解决。

下面分四步向读者介绍怎样运用纸样推移法来解决省道、皱褶等类的平面结构问题。

① 首先划出基本服装纸样。它的具体形状和各部位的大小、尺寸比例可按图146-1所示的要求确定。

② 根据省道、皱褶的隆起位置和收缩位置，定出旋转点和旋转边。

③ 用剪刀将所有的旋转边剪开，再将剪开后较大部分的纸样固定，较小部分的纸样逆时针或顺时针旋转，如图146-2所示。对于胸省和背省，则旋转角为 $\arctg\frac{3}{15}$ 左右，如图146-2所示；对于袖肘省，旋转角应随袖壮和袖口的情况综合而定，如图146-3所示；对于肚省和臀省，旋转角也由腰围、臀围、省只等因素综合而定，但最大（每个省道）不大于

$\text{arc tg } \dfrac{5}{15}$；对于皱褶，旋转角应视收缩量而定，收缩量越大，则旋转角也越大，反之则越小，如图 146-4 所示。

④ 最后将旋转完毕后的有关轮廓线修正，修正时，以圆顺、光滑、规格补足为原则，如图 146-2 所示。

下面举几个具体实例：

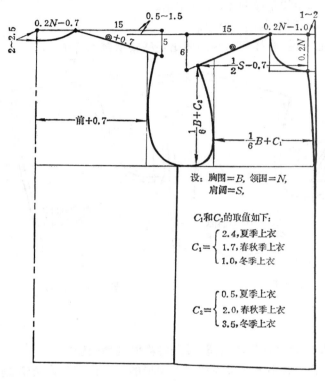

设：胸围$=B$，领围$=N$，肩阔$=S$，

C_1和C_2的取值如下：

$$C_1 = \begin{cases} 2.4，夏季上衣 \\ 1.7，春秋季上衣 \\ 1.0，冬季上衣 \end{cases}$$

$$C_2 = \begin{cases} 0.5，夏季上衣 \\ 2.0，春秋季上衣 \\ 3.5，冬季上衣 \end{cases}$$

图 146-1

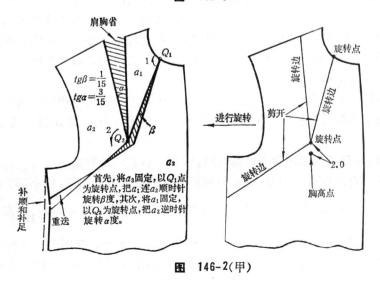

图 146-2(甲)

① 横胸省，如图 146-5 所示。

② 领胸省，如图 146-6 所示。

③ 腰胸类皱褶，如图 146-7 所示。

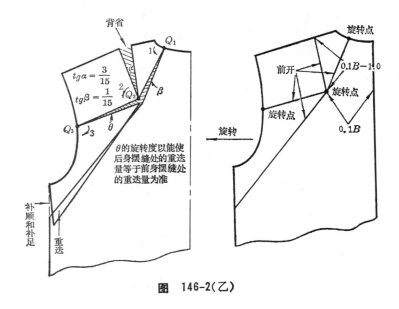

图 146-2(乙)

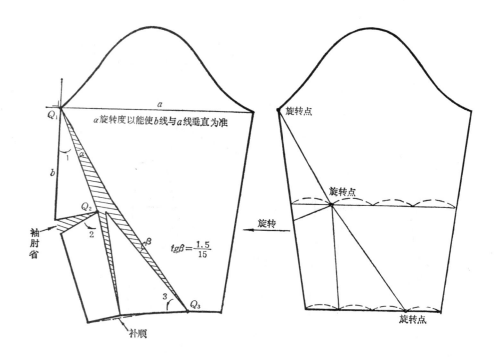

图 146-3

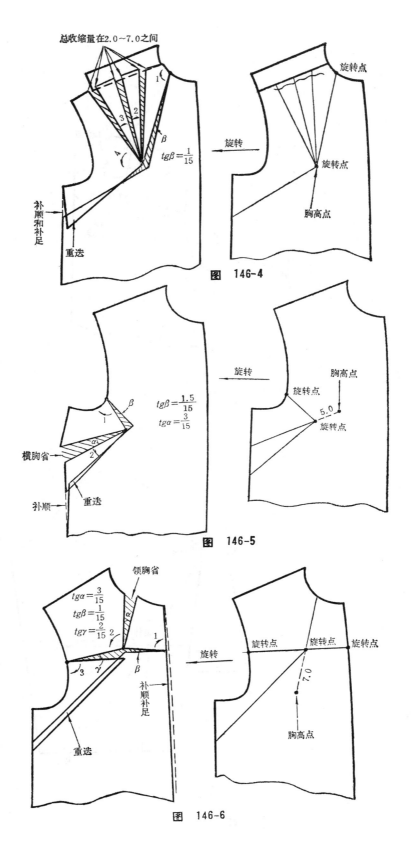

总收缩量在2.0~7.0之间

$tg\beta=\frac{1}{15}$

旋转

旋转点

胸高点

补顺和补足

重迭

图 146-4

$tg\beta=\frac{1.5}{15}$

$tg\alpha=\frac{3}{15}$

旋转

胸高点

旋转点

5.0

旋转点

横胸省

重迭

补顺

图 146-5

领胸省

$tg\alpha=\frac{3}{15}$

$tg\beta=\frac{1}{15}$

$tg\gamma=\frac{2}{15}$

旋转

旋转点

旋转点

旋转点

7.0

补顺补足

重迭

胸高点

图 146-6

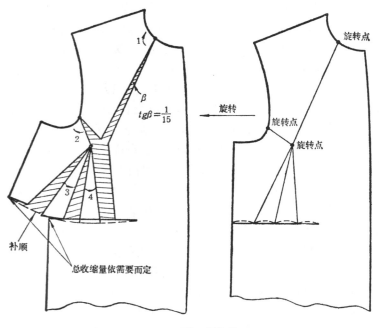

图 146-7

147. 为什么在比例裁剪法中应考虑胸围放松量变化和穿着层次变化两个因素?

所谓比例裁剪法是一种以服装成品胸(臀)围作为主要推算模数的裁剪方法。如袖笼深、胸背阔、横、直开领(开门领)等部位的尺寸都是由服装成品胸围按一定比例推算出来的,因此,亦称胸度法。

读者是否考虑过,比例裁剪法虽然能使我们减少人体测量上的某些环节,但同时也会产生一些错误。如遇到胸(臀)围放松量较大(或较小)和穿着层次较多两种情况时,按成品胸(臀)围推算得到的某些部位尺寸将与实际情况完全不相符合。

下面就这个问题作点分析(以胸围为例)。

为分析方便起见,先对有关名词特作如下说明:在人体不穿任何内外衣情况下所测量得到的胸围一周尺寸称为净胸围,在人体穿上内衣(包括棉毛衫、衬衫、羊毛衫、棉袄等)情况下所测量得到的胸围一周尺寸称为有效净胸围,有效净胸围与净胸围之差称为净胸围增值;外衣的成品胸围与净胸围之差称为胸围放松量;成品胸围与有效净胸围之差称为胸围有效放松量。

如图 147-1 所示的是上装前身采用比例裁剪法的实例。图中 K_1、K_2 分别为胸阔部位和袖笼深部位的成品胸围比例系数,C_1、C_2 分别为它们的调节常数。现在,我们暂时不讨论 K_1、K_2 的具体取值如何(常见的有 $\frac{1.6}{10}$、$\frac{1.5}{10}$、$\frac{1.8}{10}$、$\frac{2}{10}$、$\frac{1}{6}$ 等几种),及其合理性的评介,只假定 K_1、K_2 的取值是合理的,即它们能很好地符合人体净胸围逐渐增大(幅度较大)的变化要求。

(1) 对于胸围放松量变化的情况

由于成品胸围＝净胸围＋胸围放松量，因此，对于某一个净胸围固定的人而言，其胸围放松量越大(小)，则成品胸围也越大(小)，从而，意味着其上装胸阔越大(小)，袖笼越深(浅)。发展到一定程度时将对人体的穿着产生妨碍作用，不妨分析如下：

当胸围放松量增至足够大时，上装的胸阔线将向外远远偏离于人体实际的净胸阔线。显然，这对于里面穿着层次较多且结构较严格的那类上装(如呢大衣)或具有坚硬胸衬的那类上装而言，是不利于人体手臂活动的。如果将胸阔尺寸适当控制在某一个最大限度内，不让其随胸围放松量增大而增大，那么，这种问题就能避免。如有些裁剪制图中用不同大小的常数调节冬、夏季上装的胸阔尺寸，如图 147-2 所示，也能起到这种类似作用。同样，不仅胸阔线随胸围放松量增大而向外偏离于实际的净胸阔线，而且，袖笼深线也会因此而向下偏离于人体的腋下点。如果里面穿着层次较少(或没有)时，那么，袖壮固定条件下的袖笼越深，则袖斜线倾角越大，如图 147-3 所示，因而，手臂的活动越易受到牵制。

当胸围放松量减至足够小时，上装的胸阔线将非常接近于人体实际的净胸阔线。这对于面料弹性较差的那类上装而言，也是不利于人体手臂的正常活动的。如果将胸阔尺寸适当控制在某一个最小限度上或适当增大袖壮，就不会因外胸围放松量不足而使手臂活动受到严重牵制，如图 147-4 所示。同样，随着胸围放松量的逐渐减小，上装的袖笼深线也将逐渐接近于人体的腋下点。这意味着袖笼放松量将逐渐接近于零。考虑到手臂在袖笼部位的活动幅度和频率，袖笼放松量的最小极限必须大于胸围放松量的最小极限。由于胸围放松量在一般情况下总大于袖笼放松量的(这是由比例分配造成的)，因此，当胸围放松量还没有达到最小极限时，袖笼放松量已经达到或小于最小极限，显然这是不符合人体穿着要求的。

(2) 对于穿着层次变化的情况

从人的穿着活动角度来说，胸围有效放松量要比胸围放松量更能反映出人体穿着上的舒适程度。

在成品胸围和净腰围一定条件下，穿着层次越多，说明净胸围增值越大，因而，胸围有效放松量变得越小。同时，袖笼有效放松量也越小。此时，当净胸围增值达到一定程度时，袖笼有效放松量将先被逼近到最小极限，如图 147-5 所示，无疑，这种情况也是不能满足人体

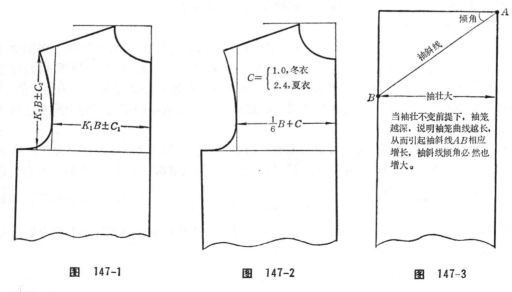

$$C=\begin{cases}1.0,\text{冬衣}\\2.4,\text{夏衣}\end{cases}$$

$$\frac{1}{6}B+C$$

当袖壮不变前提下，袖笼越深，说明袖笼曲线越长，从而引起袖斜线 AB 相应增长，袖斜线倾角必然也增大。

图　147-1　　　　　图　147-2　　　　图　147-3

图 147-4

外胸围

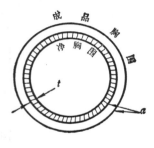

成品胸围
净胸围

t表示穿着层次的总厚度

图 147-5（甲）

袖笼
腋围

当t增厚到一定程度时，袖笼空隙量b要比胸围空隙量a先被逼近到最小极限。

图 147-5（乙）

穿着要求的。假如，我们先根据净胸围增值的不同大小，相应增加袖笼深度和减小胸背阔度（实际上等于增大了袖笼有效放松量），也就不至于会产生这种问题了。

从以上一系列分析中可以看到，胸围放松量的变化和穿着层次的变化是比例裁剪法中两个不可忽略的重要因素，因此，在比例裁剪法的某些计算公式中必须引入胸（臀）围放松量和穿着层次两个因素的变化机制。

148. 怎样确定女茄克衫登扣的成型斜度及其平面弯势？

所谓茄克衫登扣是指如图 148-1 所示的下摆边。它的成型斜度是指其在立体状态（即穿着状态）下与铅垂线构成的角度，如图 148-1 所示。该角度越大，则登扣在裁剪制图时的平面弯势就越大，如图 148-2 所示；反之，则登扣的平面弯势越小，直至成为直线状。

我们常常可以看到，有些女性所穿的茄克式上衣不是登扣上口向外豉出，就是登扣下口贴不住身体，产生这种弊病，是由于没有掌握好登扣的平面弯势，使其成型斜度与人体相应部位的表面斜度不相符合。当然，登扣的平面弯势是由登扣的成型斜度唯一决定的，因此，必须先确定登扣的成型斜度，再相应确定登扣的平面弯势，否则就会本末倒置。

一般情况下，当登扣落在腰节线至臀围线之间时，登扣的成型斜度主要由衣长和登扣宽窄两个因素决定。在登扣宽窄固定条件下，衣长越短，则登扣的成型斜度越大；反之，则登扣的成型斜度越小，直至为零。在衣长固定条件下，登扣越宽，则其成型斜度越大；登扣越窄，则其成型斜度越小，直至为零。

登扣成型斜度的具体尺寸可按如下方法确定，首先在人体衣长线和衣片长线（即衣长减掉登扣宽度后的长度）均提高 0.5 厘米至 1.5 厘米（大小由衣片下摆皱缩量和收褶量多少决定）的位置上分别测量上、下两个围度尺寸，然后，再将测得到的两个围度尺寸分别加上一定的放松量，于是，就得到了登扣的上口尺寸和下口尺寸。

有了登扣的上口尺寸和下口尺寸，我们就可按第 124 题所介绍的喇叭裙裁剪制图方法，容易地确定登扣的平面弯势，具体方法如下：

设，登扣宽为 l，登扣上口尺寸为 a，登扣下口尺寸为 b。

如果 l、a、b 均已知，则登扣的平面弯势由如下计算公式确定：

$$\text{tg}\alpha = \frac{0.25(b-a)}{2l}$$

具体制图方法可参见图 148-3。

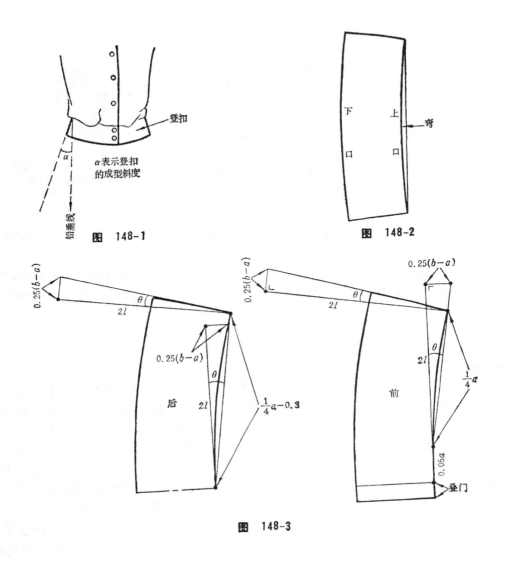

图 148-1

α 表示登扣的成型斜度

登扣

图 148-2

下口　上口　弯

图 148-3

后
$0.25(b-a)$
$2l$
θ
$0.25(b-a)$
$2l$
θ
$\frac{1}{4}a-0.3$

前
$0.25(b-a)$
$2l$
θ
$0.25(b-a)$
$2l$
θ
$\frac{1}{4}a$
$0.05a$
叠门

149. 为什么圆弧形边口的连贴边不宜太宽?

图 149-1 所示的西短裤的后裤片脚口、图 149-2 所示的喇叭裙的裙摆口、图 149-3 所示的女衬衫短袖口等类内、外弧形边口统称为圆弧形边口。

对于不需要归拔的普通缝制工艺来说,圆弧形边口的贴边宽度往往不超过 2 厘米,太宽了容易产生里层贴边起皱(外弧形边口的情形),或者外层正面起皱(内弧形边口的情形),以致影响服装的外观效果。当圆弧形边口的弯曲度固定时,贴边越宽, 则起皱的弊病越严重;当贴边宽度固定时,圆弧形边口的弯曲度越大,则起皱弊病也越严重。有时,即使采用工艺归拔,也不能完全消除这种起皱弊病,下面我们就分析一下。

如果我们在圆弧形边口中任取一段,如图 149-4 所示,不管其大小,都将得到这样一个结论:以边口线作为对称线,距其相等的两侧弧线长短并不一致,离开边口线越远或边口的弯曲度越大,则该两侧弧线的长短之差就越大。可见,贴边翻折时,要使两根长短不一的弧线重合在一起显然是不可能的。只有皱缩较长的一根弧线才能使它们重合。贴边越宽或边口弯曲度越大,则皱缩量也越大。因此,为了尽量减少贴边或正面起皱，一般圆弧形边口的连贴边不宜太宽。

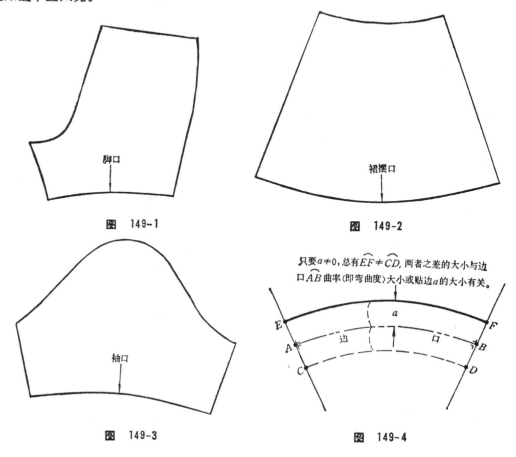

图 149-1

脚口

图 149-2

裙摆口

图 149-3

袖口

图 149-4

只要 $a \neq 0$, 总有 $\overset{\frown}{EF} \neq \overset{\frown}{CD}$, 两者之差的大小与边口 $\overset{\frown}{AB}$ 曲率(即弯曲度)大小或贴边 a 的大小有关。

150. 现代服装裁剪的方法有哪几种?

当今世界,服装裁剪的方法繁多,概括起来可分为平面裁剪和立体裁剪两大类。

平面裁剪是指根据指定的款式和规格在平面纸(或衣料)上,运用一定的计算方法、绘划法则、变化原理画出服装纸样(或服装衣片)的一种裁剪方法。

立体裁剪是指将样布(或衣料)披覆在人体模型架上,运用边观察、边塑造、边裁剪的综合手法，剪出指定款式的服装样布(或服装衣片)的一种裁剪方法。如果单从裁剪的计算方法上分类,则平面裁剪又可分作比例裁剪法和实量裁剪法(俗称短寸法)两种。

比例裁剪法的特点是,服装结构图中某些部位的尺寸不是通过人体测量获得,而是依靠某几个主要的围度尺寸,按一定的比例关系推算求得。由于比例裁剪法的测量部位(或需知尺寸)不多,因此它以实用、简便之优越性而被我国裁剪爱好者广为采用,并已成为一种空前普及的裁剪法。

与比例裁剪法相反,实量裁剪法的特点是,服装结构图中所有部位的尺寸都是由人体实际测量获得,这种方法虽然精确、切合实际,但需要知道较多的测量数据,这给实际运用带来了一定程度的限制,故采用此法者寥寥无几。

有人将平面裁剪分作比例裁剪法、基型裁剪法、原型裁剪法、D式裁剪法、胸度裁剪法、折纸裁剪法等若干种,其中又将比例裁剪法分作三分法、四分法、五分法、六分法、八分法、十分法等若干种。

我们认为,比例裁剪法的分类是十分模糊的。其理由如下:

① K分法(其中 K 为三、四、五、六、八、九、十)所指部位不明确,究竟是专指,还是泛指。如果是专指,那么,选择某一个部位的比例关系是难以反映比例裁剪法的实际内容的。如果是泛指,那么,各个部位的K值不可能都相同,因而无意义。

② K分法所代表的是哪一个主要围度或主要长度的比例系数,是系于胸围还是领围,是系于衣长还是袖长,定义不清。

③ 用分数式中的分母数代表比例系数的大小是不妥当的,因为在不限制分子数的前提下,可以将 $\frac{1}{3}$ 形式称为三分法,当变成 $\frac{2}{6}$ 形式后称为六分法,当变成 $\frac{3}{9}$ 形式后,又称为九分法,同一个大小的比例系数出现了不同称呼法的不唯一结果。再有,既可将 $\frac{1}{8}$ 形式称为八分法,也可将 $\frac{3}{8}$ 形式称为八分法。不同大小的比例系数出现了同一称呼法的不对应结果。

同样,平面裁剪法的分类也是不严格的。它忽视了各裁剪法的共性和特殊性,因而导致了概念上的混乱。

应该明确,无论是哪一种平面裁剪法(除实量裁剪法外)都是以比例分配方法作为自己的基本的计算方式。例如,在袖笼深、胸背阔、袖壮、横、直开领等部位的具体尺寸都是以某一部位的已知尺寸为依据,通过一定的比例关系推算求得的。所以,从这个意义上来说,除实量裁剪法以外的其它常用平面裁剪法,基本上可归类到比例裁剪法之中。

最后,我们可以把社会上所有的裁剪方法进行如下分类:

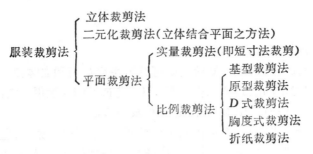

附　录

1. 怎样使袖山线长与袖笼线长差值恰巧等于所期望的值?

这是服装结构设计领域中长期未能突破的一个理论问题。过去，人们都是借助于卷尺实量已经绘划成型的袖山线和袖笼线的长度，然后或增或减地调节它们的长度，使两者的差值达到要求为止。显然，这样的方法是不能令人满意的。为此，笔者在这方面作了些研究和探索，并找到了正确的解决方法。

稍懂得服装缝制知识的人都知道，对于圆装袖结构的上装，其袖山线应适当略大于袖笼线，这是为了满足袖山头吃势的需要。然而，袖山头吃势的大小并非固定不变，它与衣料性能、袖山线长短、袖斜线倾角大小(如图1所示)、垫肩的高低、袖山线与袖笼的缝子倒向、肩胸阔的差值大小等诸多因素密切相关，并由这些因素唯一地确定。这袖山头吃势量正是我们所期望的值。要使一次性绘划定型后的袖山线长与袖笼线长差值在任何变化的情况下都等于期望值，必须先解决能正确估计袖山线长与袖笼线长差值的计算问题。

(1) 袖山线长与袖笼线长差值的理论估计

应该明白，进行袖山线长与袖笼线长差值的理论估计必须在知道计算袖山线长的函数式和计算袖笼线长的函数式的基础上才能得出，否则，得出的理论估计只是经验性的，是不可靠的。但是，计算袖笼线长的函数式目前还难以表述。因此，直接利用两者的函数式去作理论估计是难以实现的。即使两者的函数式都能表述，但由此而建立的理论估计式必定很繁复。那么，是否有其它途径能帮助我们解决这一个问题呢?

为此，我们想到了日本原型裁剪中的实量袖笼线的长度，再将所量长度的一半 $\left(\text{设为} \frac{1}{2}AH\right)$ 作为袖斜线长这一方法，如图1所示。因此，运用此方法，意味着求解计算袖笼线长的函数式转化成了求解计算袖斜线长的函数式。而后者的函数式较易表述:

设袖斜线长为 f_1，袖壮为 b，袖开深为 h。

由勾股定理得:

$$f_1 = \sqrt{b^2 + h^2}$$

由数学分析中的马克劳林(C. Maclauron)展开知识，可将上式变成函数多项式:

$$f_1 \approx b\left[1 + 0.5\left(\frac{h}{b}\right)^2 - 0.125\left(\frac{h}{b}\right)^4 + 0.0625\left(\frac{h}{b}\right)^6 - 0.039\left(\frac{h}{b}\right)^8\right]$$

考虑到该多项式在展开后损失了一个无穷小量，故将其末项系数略为减小，使之得到一定的补充:

$$f_1 \approx b\left[1 + 0.5\left(\frac{h}{b}\right)^2 - 0.125\left(\frac{h}{b}\right)^4 + 0.0625\left(\frac{h}{b}\right)^6 - 0.03\left(\frac{h}{b}\right)^8\right] \tag{I}$$

这就是计算袖斜线长的函数式。

下面我们再推导计算袖山线长的函数式。

设袖山线长为 f_2。

根据钣金工展开知识，圆柱面与斜截面的相交线在平面展开后呈正弦曲线，如图2所示。如果把穿着状态下的衣袖上半部近似看作圆柱面，把穿着状态下的衣身袖笼被认作为落在同一平面上，则袖山线就被看作是一条近似的正弦曲线。这样，就可以利用一些已知的数学结论，写出正弦曲线的函数式，即袖山线的近似函数式：

$$\begin{cases} x = \dfrac{b}{\pi} t \\ y = \dfrac{h}{2} \sin t = H \sin t \end{cases}$$

其中 t 为参数，b 为袖壮，h 为袖开深。

函数图象如图2所示。

由微积分知识，可求出上述袖山线的长度

$$f_2 = \int_{-\frac{\pi}{2}}^{\frac{3}{2}\pi} \sqrt{x'^2(t) + y'^2(t)} \, dt = \int_{-\frac{\pi}{2}}^{\frac{3}{2}\pi} \frac{b}{\pi} \sqrt{1 + \frac{H^2 \pi^2}{b^2} \cos^2 t} \, dt$$

由马克劳林展开式得：

$$f_2 \approx \int_{-\frac{\pi}{2}}^{\frac{3}{2}\pi} \frac{b}{\pi} \Big[1 + \frac{H^2 \pi^2}{2b^2} \cos^2 t - \frac{H^4 \pi^4}{8b^4} \cos^4 t - \frac{H^6 \pi^6}{16 b^6} - \frac{5 H^8 \pi^8}{128 b^8} \Big] dt$$

$$= 2b + \frac{b}{\pi} \Big[\frac{2 H^2 \pi^2}{b^2} \int_0^{\frac{\pi}{2}} \cos^2 t \, dt - \frac{H^4 \pi^4}{2b^4} \int_0^{\frac{\pi}{2}} \cos^4 t \, dt + \frac{H^6 \pi^6}{4b^6} \int_0^{\frac{\pi}{2}} \cos^6 t \, dt$$

$$- \frac{5 H^8 \pi^8}{32 b^8} \int_0^{\frac{\pi}{2}} \cos^8 t \, dt \Big]$$

$$= 2b + \frac{b}{\pi} \Big[\frac{2 H^2 \pi^2}{b^2} \times \frac{\pi}{4} - \frac{H^4 \pi^4}{2b^4} \times \frac{3\pi}{16} + \frac{H^6 \pi^6}{4b^6} \times \frac{15\pi}{96} - \frac{5 H^8 \pi^8}{32 b^8} \times \frac{105\pi}{768} \Big]$$

将 $H = \dfrac{h}{2}$ 代入上式并整理得：

$$f_2 = b \Big[2 + 1.23 \Big(\frac{h}{b}\Big)^2 - 0.57 \Big(\frac{h}{b}\Big)^4 + 0.585 \Big(\frac{h}{b}\Big)^6 - 0.38 \Big(\frac{h}{b}\Big)^8 \Big]$$

考虑到该多项式在展开后损失了一个无穷小量，故对其末项系数作适当调整得：

$$f_2 = b \Big[2 + 1.23 \Big(\frac{h}{b}\Big)^2 - 0.57 \Big(\frac{h}{b}\Big)^4 + 0.585 \Big(\frac{h}{b}\Big)^6 - 0.28 \Big(\frac{h}{b}\Big)^8 \Big] \qquad (\text{II})$$

这就是计算袖山线长度的函数式(或计算公式)。

应当指出，这里的袖山线指的是一片袖的袖山线。因为，一片袖袖山线的波动幅度与正弦曲线的波动幅度非常接近的。因此，II式仅仅是一片袖袖山线长度的计算公式。

于是，由 I 式和 II 式自然得出袖山线长与两倍的袖斜线长差值的理论估计值 n，即：

$$n = f_2 - 2f_1 = \Big[0.23 \Big(\frac{h}{b}\Big)^2 - 0.32 \Big(\frac{h}{b}\Big)^4 + 0.46 \Big(\frac{h}{b}\Big)^6 - 0.22 \Big(\frac{h}{b}\Big)^8 \Big] b \qquad (\text{III})$$

这就是一片袖袖山线长与两倍的袖斜线长差值的理论估计公式。

如果 $2f_1 =$ 袖笼线长 (AH)，则上式即变为袖山线长与袖笼线长差值的理论估计公式。

利用概率统计中的线性回归分析，进一步将上式简化，并得到如下近似式：

$$n = \left(0.2\frac{h}{b} - 0.06\right)b = 0.2h - 0.06b \qquad (\text{IV})$$

其中，$h \geqslant 0.4b$，如 $h < 0.4b$ 一律当作 $h = 0.4b$ 进行计算。

这就是一片袖袖山线长与两倍的袖斜线长差值的理际估计近似公式。

可以证明，III 式和 IV 式中两个 b 的比例系数间的绝对差值必小于 0.01，即：

$$\left|\left[0.23\left(\frac{h}{b}\right)^2 - 0.32\left(\frac{h}{b}\right)^4 + 0.46\left(\frac{h}{b}\right)^6 - 0.22\left(\frac{h}{b}\right)^8\right] - \left(0.2\frac{h}{b} - 0.06\right)\right| < 0.01,$$

$$0.4 \leqslant \frac{h}{b} \leqslant 0.9$$

且 IV 式的正负误差小于 0.2 厘米。

可见，采用上述的理论估计近似公式具有较大的可靠性。

由一片袖的理论估计形式 $q = K_1 h - K_2 b$，自然联想到二片袖必定也有同样的理论估计形式。由于二片袖袖山线的波动幅度（主要是前半边）大于一片袖袖山线的波动幅度，如图 3 所示，因此，二片袖的理论估计式中的 h 和 b 的比例系数分别要大于 0.2 和 0.06。根 据我们的推算，得出二片袖袖山线长与两倍的袖斜线长差值的理论估计公式为：

$$q = 0.28h - 0.16b \qquad (\text{V})$$

其中 $h \geqslant 0.4b$，如果 $h < 0.4b$，一律当作 $h = 0.4b$ 进行计算。

为了避免在相同条件下，不同的袖劈势具有不同的袖山线长这种不稳定结果，故 V 式的正确性是以袖劈势等于如图 4 所示的袖劈势大小为前提的。

(2) 怎样运用理论估计使实际"差值"与期望值一致

一方面，作为期望值的袖山吃势量大小随各种因素的变化而变化；另一方面，袖山线长与两倍的袖斜线长差值也将随袖开深、袖壮大的变化而变化。如果单纯使 $f_1 = \frac{1}{2}AH$，则袖山线长与袖笼线长的实际差值很难与期望值取得一致。因此，必须调节袖斜线的长短，使

$$f_1 = \frac{1}{2}AH \pm C$$

显然，$C = \begin{cases} \dfrac{1}{2}q - \left(\dfrac{0.2h - 0.06b}{2}\right) = \dfrac{1}{2}q + 0.03b - 0.1h & \text{一片袖} \\[2mm] \dfrac{1}{2}q - \left(\dfrac{0.28h - 0.1b}{2}\right) = \dfrac{1}{2}q + 0.05b - 0.14h & \text{二片袖} \end{cases}$

其中 q 为期望值。

于是有

$$f_1 = \begin{cases} \dfrac{1}{2}AH + \dfrac{1}{2}q + 0.03b - 0.1h & \text{一片袖} \\[2mm] \dfrac{1}{2}AH + \dfrac{1}{2}q + 0.05b + 0.14h & \text{二片袖} \end{cases} \qquad (\text{VI})$$

这是实际结构制图时的袖斜线长计算公式。

具体调节步骤如下：

先确定袖壮 b，再将实量得到的袖笼线长一半 $\left(\dfrac{1}{2}AH\right)$ 作为初步的袖斜线长，并得袖开

深 h，再将 $f_1 = \frac{1}{2}AH \pm C$ 作为调节后的袖斜线长，如图 5、6 所示。

最后必须指出，袖斜线长调节后，袖壮 b 和袖开深 h 不可能同时维持原值，而是有所增减。设 b 和 h 的增减值分别为 Δb 和 Δh，由此得：

$$0.2\Delta h - 0.06\Delta b = 0 \Longrightarrow \Delta h = 0.3\Delta b$$

$$0.28\Delta h - 0.1\Delta b = 0 \Longrightarrow \Delta h = 0.36\Delta b$$

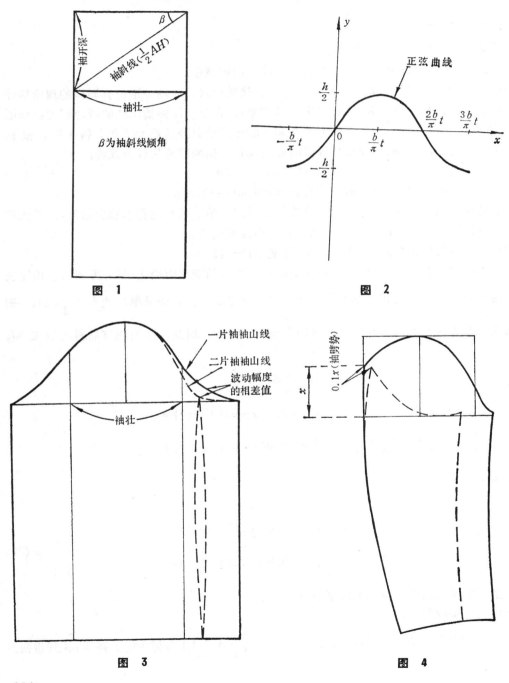

图　1

图　2

图　3

图　4

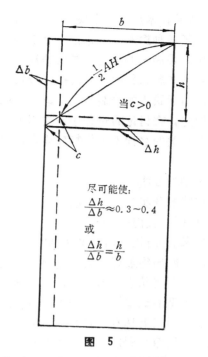

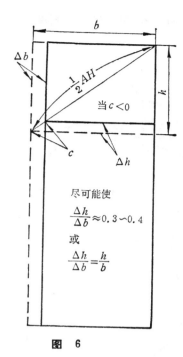

图 5   图 6

不难看到，调节袖斜线长短后所引起的增减值 Δb 和 Δh 之间的比例关系最好能接近上述等式，或在原袖斜线的方向上增减 C 值，如图 5、6 所示。这能使理论估计的误差降到最低限度。

2. 驳领松斜度分析及其计算公式

驳领松斜度是指驳口线与领口线的夹角，如图 7 所示。

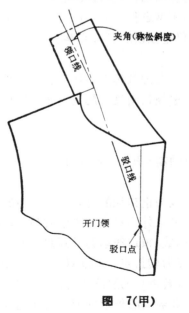

图 7(甲)

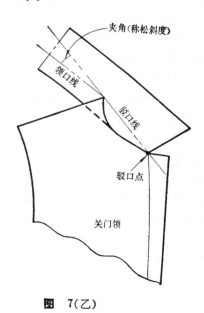

图 7(乙)

长期以来,建立驳领松斜度的计算公式一直是服装技术界悬而未决的一大理论问题。尽管有些人作了各种探索,并也推出过不少计算公式或绘划法则,但尚未获得过完整的结论。

为此,本文想从新的角度去探讨驳领松斜度的计算公式。由于我国的服装名词术语既不统一,又不齐全,因此,在讨论的过程中需要引进一些新的概念,并对有关的名词术语作特殊规定,如图 8 所示。

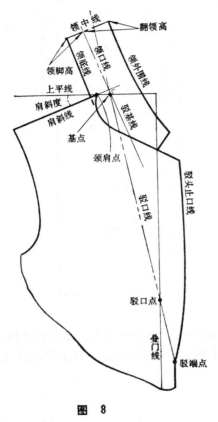

图　8

一、领型的分类

按照传统的分类方法,一般的领子可分作三大类,即:开门领、关门领、开关领。

顾名思义,开门领是领和驳头翻贴在衣身上,使正前方的领下部始终敞开着的一类领型;关门领是整个领子处于封闭状态时的一类领型;开关领则是兼有前两类领型的造型特征的一类领型。这三类领型虽然在造型形式上具有显著差异,但在结构上并无本质区别,如图 9 所示。从图 9 中不难看出,在驳口点由下向上逐渐移动的过程中,驳口线将逐渐向水平方向倾斜,并始终与假想的标准领口圆相切。该相切点为驳口线过渡到领口线的转折点(简称驳口转折点)。其中驳口点落在领圈中的一类领型称为关门领;驳口点落在叠门线上的任一位置(不包括领圈中的位置)的一类领型称为开门领;驳口点在领圈和第二个扣位之间自由变动的一类领型称为开关领。很明显,上述三类领型都客观存在着驳口点、驳口线、驳口转折点和标准领口圆这些共同的结构特征。因此,完全可将这三类领型进行归并,归并后的领型取名为驳领。根据这样的理解,开门领、关门领、开关领仅仅是驳领的驳口点落在某一个(或区域)位置上的一种特例。

应该指出,驳领并不包罗一切领子,象荡领、披肩领、立翻领等就不属于驳领类型。但驳领毕竟是一种极为普通而又常见的领型。因此,解决驳领松斜度问题具有重大的理论意义和实际意义。

二、驳领松斜度的分析

为了便于分析,先假设翻领高为 h,领脚高为 h_0,总领高 $= h + h_0 = d$,并定义:$h - h_0 = \Delta h$ 为翻领差。

根据驳领的造型要求,领和驳头翻驳后,领外围线和驳头止口线的总长度必须与衣身上的领和驳头外围复合线长度保持一致,不然将出现领和驳头外围松或外围紧等弊病。在领和驳头翻驳的过程中,整个翻驳线是由领口线与驳口线构成。领口线总是呈弧线形的,驳口线总是呈直线形的,两者以驳口线与标准领口圆相切的点为转折点,如图 10 所示。从图 10 中可以看到,如果以垂直于驳口线(或领口线)并通过驳口转折点的直线为界限,将领外围线和驳头止口线分为上、下两段,那么,不难证明,无论领和驳头的外形如何,也无论驳领松

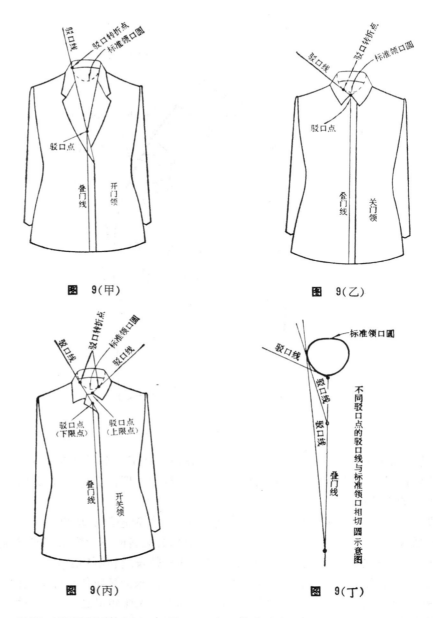

图 9(甲)

图 9(乙)

图 9(丙)

图 9(丁)

斜度如何，界限下段的领外围线和驳头止口线总能在衣身上找到(以驳口线为对称轴)与它们的形状及长度均相符合的领和驳头外围复合线。与此相反,在界限上段的领外围线就不存在这种性质。因此,要研究领外围线和驳头止口线的总长度是否与衣身上领和驳头外围复合线长度取得一致,只需研究界限上段的领外围线长度是否与衣身上领外围复合线长度取得一致即可。正是由于这个缘故,才将界限上段的领外围线长度取名为领外围线的有效长度,与其相对应的衣身上的领外围复合线长度取名为领外围复合线的有效长度,如图10所示。

要想建立起科学的驳领松斜度计算公式,应首先搞清驳领松斜度的变化究竟由哪些因素引起。经过大量的研究,我们认为,驳领松斜度的变化主要与翻领差、驳口线倾斜度、肩

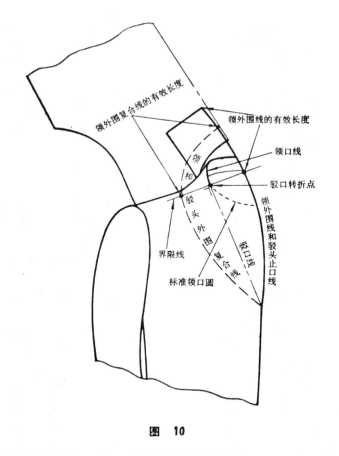

图　10

斜度、工艺归拔这四个因素有关。由于肩斜度往往恒定在某一个固定值左右，影响较小，所以在无特殊情况下，驳领松斜度只与翻领差、驳口线倾斜度、工艺归拔三个因素有关，不妨我们可作如下分析。

假设一，令驳口线的倾斜度 γ 固定，分别给定一个驳领松斜度 α 和翻领差 Δh，使领外围线的有效长度恰巧等于领外围复合线的有效长度，并且暂时不考虑工艺归拔因素。

此时，随着翻领差 Δh 的增加，虽然领外围线的有效长度和领外围复合线的有效长度都同时增大。但前者远不如后者增大得快，如图 11 所示。这无疑将使领外围线的有效长度短于领外围复合线的有效长度，且随翻领差 Δh 增加得越大而短得越多。要使翻领差增加后的领外围线的有效长度等于（暂不考虑里外匀）领外围复合线的有效长度。唯一的办法，只有增大原来给定的驳领松斜度 α。由此可见，翻领差 Δh 的变化将最终引起驳领松斜度的变化。

假设二，令翻领差 Δh 固定，分别给定一个驳领松斜度 α 和驳口线倾斜度 γ，使领外围线的有效长度恰巧等于领外围复合线的有效长度，并且暂时不考虑工艺归拔。

此时，随着驳口线倾斜度 γ 的增大，领外围线的有效长度和领外围复合线的有效长度都同时增大。不过，前者不及后者增大得快，如图 12 所示。这样，也将出现领外围线的有效长度短于领外围复合线的有效长度的结果，但此时领外围线的有效长度和领外围复合线的有效长度之差不如假设一中因翻领差的增加所引起的那样显著。同样，要使驳口线倾斜度

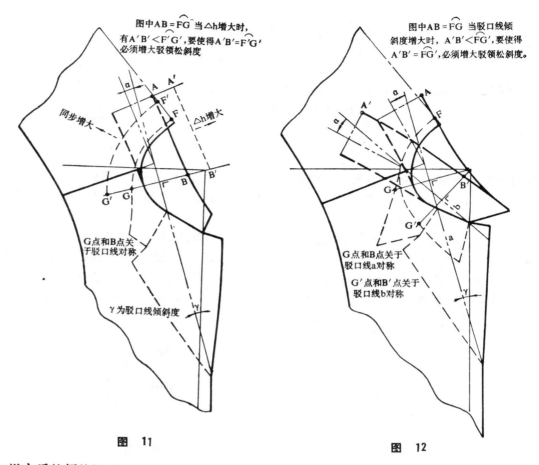

图中AB=FG̑ 当△h增大时,
有A′B′<F′G̑′,要使得A′B′=F̑′G′
必须增大驳领松斜度

同步增大

△h增大

G点和B点关于驳口线对称

γ为驳口线倾斜度

图 11

图中AB=F̑G̑ 当驳口线倾
斜度增大时, A′B′<F̑G̑′,要使得
A′B′=F̑G′,必须增大驳领松斜度。

G点和B点关于
驳口线a对称

G′点和B′点关于
驳口线b对称

图 12

γ增大后的领外围线的有效长度等于(暂不考虑里外匀)领外围复合线的有效长度，也只有唯一地增大原来给定的驳领松斜度α。可见，驳口线倾斜度的变化将最终引起驳领松斜度的变化。

假设三，令驳口线倾斜度γ和翻领差△h都固定，给定一个驳领松斜度α，使领外围线的有效长度恰巧等于领外围复合线的有效长度。

一般情况下的驳领领底线总是向里弯曲的。为使内弧形的领底线变成外弧形的领底线(这样更符合于人体颈部的圆台形要求)，必须对后领脚部分采取适当的工艺归拔。领底线的向里弯曲程度越大，则归拔量也越大。显然，工艺归拔后的原领底线长度将明显增加，原领口线长度将明显减小，使领脚的弯曲形状出现了相反的变化，如图13所示。从而使领脚与衣身(特别是肩缝处的衣身)的夹角增大，使领脚与翻领间的夹角变小，如图14所示。这必然使领外围复合线位置上移，向领圈靠拢。很显然，此时的领外围复合线长度必短于工艺归拔前的原领外围复合线。这样，就产生了领外围线有效长度大于领外围复合线有效长度的结果。要使工艺归拔后的领外围线的有效长度等于(暂不考虑里外匀)上移后的领外围复合线的有效长度，只有唯一地减小原来给定的驳领松斜度α。可见，工艺归拔的作用将促使驳领松斜度发生一定的变化。

在此，我们有必要提醒读者，翻领差对驳领松斜度的影响是因其所在的部位不同而异，

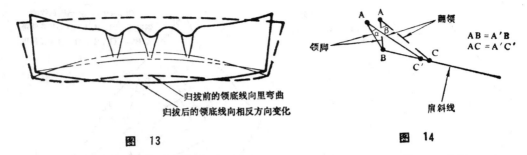

归拔前的领底线向里弯曲
归拔后的领底线向反方向变化

图　13

AB＝A′B
AC＝A′C′

翻领
领脚
肩斜线

图　14

如背中线区域的影响为最小，而肩斜线区域的影响却最大。不妨再作一下分析。

令：领脚与肩斜线的夹角为 λ，领脚与背中线的夹角为 θ，背部翻领差为 Δh，肩部翻领差为 Δf，驳领松斜度为 α。

无论从理论上还是实践中都知道，λ 可能出现的范围是 110～160 度（在工艺归拔量相等的条件下，领底线向里弯曲的程度越大，则 λ 越小，反之则越大）。如取其平均值，则 λ 为 135 度，如图 15 所示。θ 可能出现的范围是 160～180 度（在工艺归拔量相等的条件下，领底线向里弯曲的程度越大，则 λ 越小，反之则越大）。如取其平均值，则 θ 为 170 度，如图 15 所示。因此，在任何情况下，总是 $\lambda < \theta$。

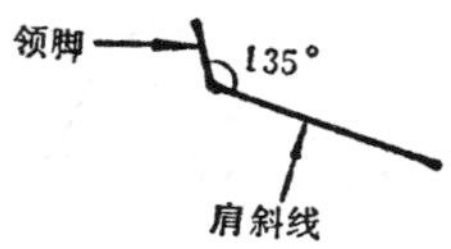

领脚 135°
肩斜线

图　15（甲）

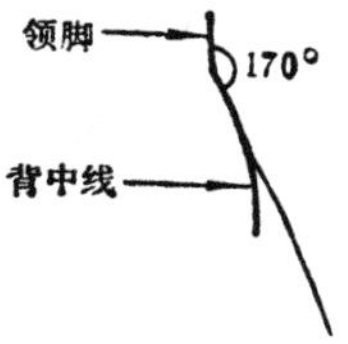

领脚 170°
背中线

图　15（乙）

假设四，令驳口线倾斜度 γ 固定，且 $\Delta h = n$，给定一个 α，使领外围线的有效长度恰巧等于领外围复合线的有效长度，并且暂时不考虑工艺归拔。

那么，如果固定 Δf，增大 Δh，使 $\Delta h = n + m$，则此时的领外围线的有效长度和领外围复合线的有效长度都将增大，但后者的增大量大于前者的增大量，设两者之差为 x。反过来，如果固定 Δh，增大 Δf，使 $\Delta f = n + m$，则此时领外围线的有效长度和领外围复合线的有效长度都将增大，但后者的增大量大于前者的增大量，设两者之差为 y。可以证明，$x < y$，如图 16 所示。从而使因增大 Δf 而唯一增大 α 的幅度要远远超过因增大 Δh 而唯一增大 α 的幅度。因此，严格地说，引起驳领松斜度变化的翻领差因素主要是指肩部翻领差的因素。

三、驳领松斜度的计算公式

在前面一部分中，我们已经对驳领松斜度与翻领差、驳口线倾斜度、工艺归拔等之间的关系作了定性分析。但这并不是我们的最终目标，我们所关心的是如何用定量的分析方法去建立它们间的某种数量（函数）关系——即驳领松斜度计算公式。由于定量分析的过程实质上是驳领松斜度公式的推导（即证明）过程，在推导的过程中要用到较多的数学分析知识，这难免会给部分读者带来阅读上的困难。因此，本节省略了这一定量分析的全过程，而直接推出以下定量分析的最终结果——驳领松斜度计算公式。

图中，$\overset{\frown}{AB} = CD$，当松斜度不变时，将出现

$(\overset{\frown}{CD'} - \overset{\frown}{AB'}) > (\overset{\frown}{C'D} - \overset{\frown}{A'B})$

其中，$AA' = CC' = BB' = m$

但$D'D > m$，这由图16(3)中说明可知。

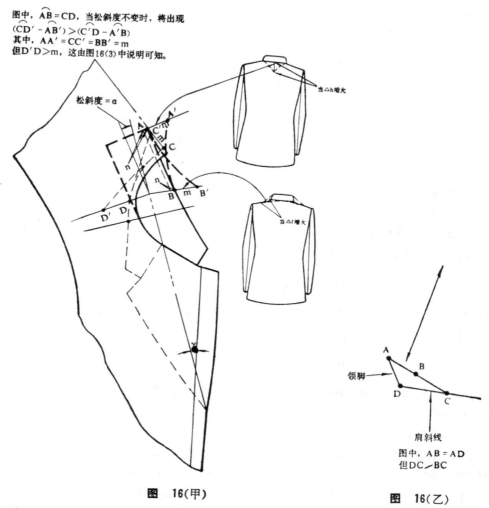

图 16(甲)

图 16(乙)

首先定义，与前肩斜线垂直的直线取名为驳基线，如图7所示。

设：驳领松斜度为 α，背部领脚高为 h_0，背部翻领高为 h，肩部翻领高为 f，背部总领高为 d，肩部总领高为 b，背部翻领差为 $\Delta h = h - h_0$，肩部翻领差为 $\Delta f = f - h_0$，驳口线与驳基线的夹角为 β。

(一)对于驳领的一般情形

(1) 在$|h - f| > 0.3$ 厘米，且1.5 厘米 $\leqslant h_0 \leqslant 8$ 厘米，$1.1h_0 \leqslant f \leqslant 6h_0$ 条件下，

有 $\alpha = \alpha_1 \pm \alpha_2 \left(\text{其中 } tg\alpha_1 = \dfrac{1.7\Delta f}{b}, \quad tg\alpha_2 = \dfrac{\Delta f \cdot tg\beta}{b}\right)$ ⋯⋯⋯⋯⋯⋯(Ⅰ)

(2) 在$|h - f| \leqslant 0.3$ 厘米，且1.5 厘米 $\leqslant h_0 \leqslant 8$ 厘米，$1.1h_0 \leqslant h \leqslant 6h_0$ 条件下，

有 $\alpha = \alpha_1 \pm \alpha_2 \left(\text{其中 } tg\alpha_1 = \dfrac{1.7\Delta h}{d}, \quad tg\alpha_2 = \dfrac{\Delta f \cdot tg\beta}{d}\right)$ ⋯⋯⋯⋯⋯⋯(Ⅱ)

上述的 $\alpha = \alpha_1 \pm \alpha_2$ 中，当驳口线在驳基线的里侧时，α_2 取负号，在驳基线的外侧时，α_2 取正号，与驳基线重合时，$\alpha_2 = 0$。

这就是驳领松斜度的一般计算公式。

(二)对于驳领的特殊情形

1. 开门领情形

(1) 在 $|h-f|>0.3$ 厘米，且 2.5 厘米 $\leqslant h_0\leqslant 4$ 厘米，$h_0\leqslant f\leqslant 6h$，横开领不宜过大的条件下，

有
$$\text{tg}\alpha = \frac{1.5\varDelta f}{b} \cdots\cdots\cdots\cdots\cdots \qquad (\text{I})$$

(2) 在 $|h-f|\leqslant 0.3$ 厘米，且 2.5 厘米 $\leqslant h_0\leqslant 4$ 厘米，$h_0\leqslant h\leqslant 6h_0$，横开领不宜过大的条件下，

有
$$\text{tg}\alpha = \frac{1.5\varDelta h}{d} \cdots\cdots\cdots\cdots\cdots \qquad (\text{II})$$

这就是驳领松斜度的近似计算公式——开门领松斜度计算公式。

2. 关门领情形

(1) 在 $|h-f|>0.3$ 厘米，且 2.5 厘米 $\leqslant h_0\leqslant 4$ 厘米，$h_0\leqslant f\leqslant 2.5h_0$，横直开领的互差小于 2 厘米，驳口点落在领圈中的条件下，

有
$$\text{tg}\alpha = \frac{2.1\varDelta f}{b} \cdots\cdots\cdots\cdots\cdots \qquad (\text{I})$$

(2) 在 $|h-f|\leqslant 0.3$ 厘米，且 2.5 厘米 $\leqslant h_0\leqslant 4$ 厘米，$h_0\leqslant 2.5h_0$，横直开领的互差小于 2 厘米，驳口点落在领圈中的条件下，

有
$$\text{tg}\alpha = \frac{2.1\varDelta h}{d} \cdots\cdots\cdots\cdots\cdots \qquad (\text{II})$$

这就是驳领松斜度的近似计算公式——关门领松斜度计算公式。

上述两个驳领松斜度近似计算公式都是在一般计算公式的基础上，缩小了使用幅度，扩大了误差范围后推导出来的。因此，无论是计算的精度，还是使用的广度，近似公式均不及一般公式来得精确。但前者的使用方便性，明显优于一般公式。

为能对抽象的驳领松斜度计算公式有一个较直观的认识，我们在驳领松斜度的一般式和近似式中，各选一个公式，用图解的方法形象化地将其表达出来，以作说明，如图 17 所示，图中的①②③④……表示制图的程序。

上述驳领松斜度的计算公式没有把工艺归拔的因素考虑在内，这是因为：

(1) 在实际制作时，并不是任何情况下的领子都需工艺归拔。

(2) 各人的工艺归拔程度或工艺归拔方法不尽相同。

(3) 各种面料的伸缩性能差异甚大，因此，对于相同的工艺归拔程度，未必有相同的实际效果。

所以，实际使用时，各人应根据以上三点情况，在由驳领松斜度的计算公式所确定原松斜度大小的基础上，再酌量减小或不减。

四、驳领基点的定位方法

所谓基点是指驳口线与上平线相交的点。基点的定位是驳领制图原理中必不可少的一个重要组成部分。

目前各类裁剪书对于基点的定位，大多是采用定数法（如取 2 厘米左右）和比例法 $\left(\text{如}\frac{2}{3}h_0\text{等}\right)$。显然，前一种方法太粗糙，缺乏变化。后一种方法的适用范围太小。为此，我们想着重讨论这一问题。

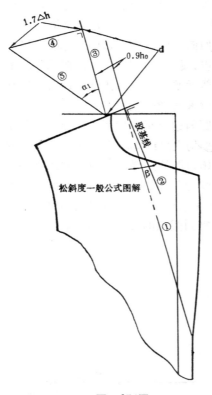

图 17(甲)

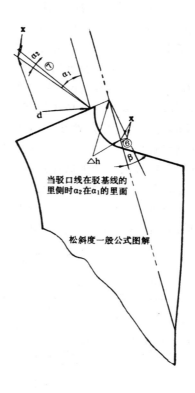

图 17(乙)

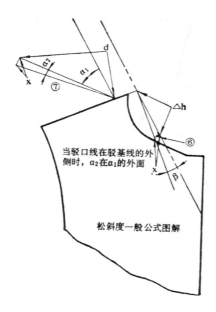

图 17(丙)

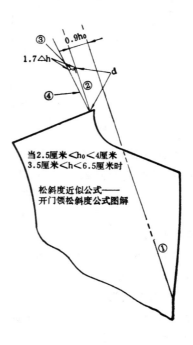

图 17(丁)

由第一部分的讨论,我们已经了解到,开门领、关门领、开关领分别是驳领的驳口线在变化过程中达到某一状态时的一种特例,且无论驳口线处于什么倾斜位置,背部领脚的高低怎样(不大于10厘米),以及背部(肩部)翻领差的大小如何,驳口线应始终与标准领口圆相切(这是驳领造型的基本要求)。根据这一原则可以设想,要确定基点,应首先在驳领的平面结构图中安放一个假想的标准领口圈,如图18所示。然后通过驳口点作一条标准领口圆的切线(即驳口线),使其与上平线相交,这个相交点即为所求的驳领基点。

如果领脚与衣身的夹角处处是180度,那标准领口圆的边界至颈肩点的距离一定等于背部领脚高(或略小)。但实际情况中的领脚与肩斜线的平均夹角约135度,考虑到领脚的竖起与放平(与衣身同一个平面)的相互转换关系,标准领口圆的边界至颈肩点的距离必须小于背部领脚高度。根据我们的经验和计算,标准领口圆与颈肩点的距离应近似为:$0.8h_0$(当1.5厘米$\leq h_0 \leq 5$厘米)和$0.7h_0$(当5厘米$< h_0 \leq 10$厘米)。标准领口圆圆心应固定在上平线与劈门线的交点上,如图18所示。由此可以轻易得到假想的标准领口圆。

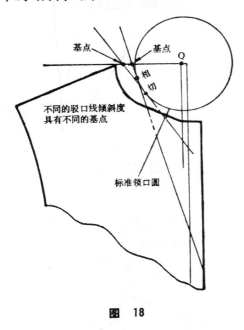

图 18

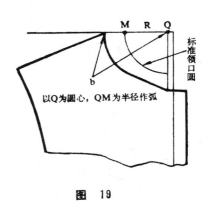

图 19

(一)对于驳领基点的一般情形

设:前横开领大为e,标准领口圆半径为R,则有

$$R = \begin{cases} e-0.8h_0, & \text{当 1.5 厘米} \leq h_0 \leq 5\text{厘米} \\ e-0.7h_0, & \text{当 5 厘米} \leq h_0 \leq 8\text{厘米} \end{cases}$$ (如图19所示)

这就是驳领基点的一般定位法(也称几何定位法)。

(二)对于驳领基点的特殊情形

设:基点至颈肩点的距离为q

1. 开门领情形

在2.5厘米$\leq h_0 \leq 4$厘米,且横开领不宜过大条件下,

有 $q=0.7h_0$,如图20所示。

这就是驳领基点的近似定位法——开门领基点定位法。

• 174 •

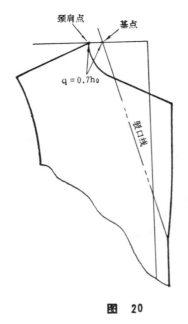

图　20

图　21

2．关门领情形

在 2.5 厘米 $\leqslant h_0 \leqslant 4$ 厘米，且横直开领互差小于 2 厘米，驳口点落在领圈中的条件下，有　$q=0$，即基点与颈肩点重合，如图 21 所示。

这就是驳领基点的近似定位法——关门领基点定位法。

3．开关领情形

开关领在关门状态时的驳口线称上限驳口线，在开门状态时的驳口线称下限驳口线，而上限驳口线与下限驳口线之间的夹角的角平分线即为开关领的驳口线。故 q 可由图 21 所示的方法确定。

上述三个驳领基点的近似定位法都是在几何定位法的基础上，缩小了使用幅度，扩大了误差范围后推得的结果。因此，无论是正确性或是广泛性，近似定位法显然不如几何定位法，但前者的使用极为简便。

五、驳领松斜度计算公式的应用实例

（一）开门领类

〔例1〕　已知领样为大青果领，背部领脚高 $h_0=8$ 厘米，背部翻领高 $h=15$ 厘米，肩部翻领高 $f=15.3$ 厘米，求该领型的结构图。

〔解〕　因为 $|h-f| \leqslant 0.3$ 厘米，$h_0=8$ 厘米 >4 厘米，$h_0 \leqslant h=15$ 厘米 $\leqslant 6h_0=48$ 厘米。

所以，可采用驳领松斜度的一般计算公式（Ⅱ）和驳领基点的一般定位法。

由已知条件，得 $\varDelta h=h-h_0=7$ 厘米，$d=h+h_0=23$ 厘米。

制图步骤如图 22、23 所示。

（1）先在上平线中定出 M 点，使 $MN=0.7h_0=1.68$ 厘米。

（2）以劈门线与上平线的交点 θ 为圆心，QM 为半径作标准领口圆。

（3）过驳口点作标准领口圆的切线——即驳口线，并适当延长。

（4）向右延长肩斜线与驳口线相交得 C 点，再由 C 点作肩斜线的垂直线——即驳基线。

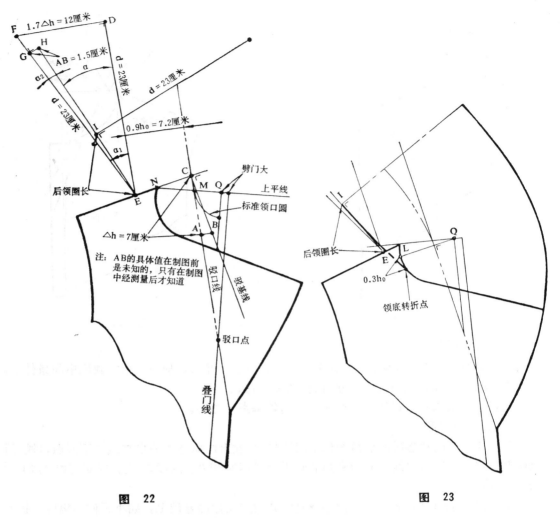

图　22　　　　　　　　　　　　　　图　23

（5）在驳口线上确定 A 点，使 $AC = \triangle h = 7$ 厘米，由 A 点作驳口线的垂直线交驳基线于 B 点。

（6）测量 A 点至 B 点的长度，经实际测量得 $AB = 1.5$ 厘米，记下这一尺寸。

（7）在驳口线的左侧作一条驳口线的平行线（简称驳平线），使驳平线与驳口线的距离等于 $0.9h_0 = 7.2$ 厘米。

（8）设驳平线与肩斜线的交点为 E，在驳平线上确定 D 点，使 $ED = d = 23$ 厘米。

（9）由 D 点作驳平线的垂直线，再在该垂直线上确定 F 点，使 $DF = 1.7\triangle h = 12$ 厘米。

（10）连结 FE 两点，再在 FE 上确定 G 点，使 $GE = d = 23$ 厘米。

（11）由 G 点作 FE 的垂直线，再在该垂直线上确定 H 点，使 $GH = AB = 1.5$ 厘米（由测量所得）。

（12）连结 H、E 两点，在 HE（或延长线）上确定 I 点，使 $IE =$ 后领圈长（半边）。

（13）由 I 点作与 HE 垂直的领中线，使领中线长度 $= d = 23$ 厘米。

（14）由 Q 点作驳口线的垂直线，并交领圈于 L 点，再由 L 点向下移动 $0.3h_0 = 2.4$ 厘米后得领底转折点。

（15）由领底转折点到 I 点圆顺地划出后领底线，并相切 EI 于 I 点。

（16）最后划出领外围线与驳头止口线。

〔例2〕 已知领样为平驳头领，$h_0 = 2.8$ 厘米，$h = 3.6$ 厘米，$f = 3.9$ 厘米，求该领型的结构图。

〔解〕 因为 $|h-f| \leqslant 0.3$ 厘米，2.5 厘米 $\leqslant h_0 = 2.8$ 厘米 $\leqslant 4$ 厘米，$h_0 \leqslant h = 3.6$ 厘米 $\leqslant 6h_0 = 16.8$ 厘米。

所以，可采用驳领松斜度的近似公式——开门领松斜度计算公式（Ⅱ）和驳领基点的近似定位法——开门领基点定位法。

由已知条件，得 $\varDelta h = h - h_0 = 0.8$ 厘米，$d = h + h_0 = 6.4$ 厘米，$q = 0.7h_0 = 1.96$ 厘米。

制图步骤如图 24、25 所示。

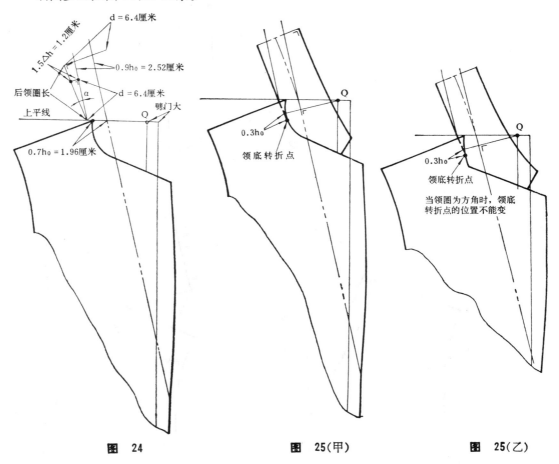

图 24   图 25(甲)   图 25(乙)

〔例3〕 已知领样为铜盆大袒领，横开领较大，$h_0 = 3.5$ 厘米，$h = 7$ 厘米，$f = 7.3$ 厘米，求该领型的结构图。

〔解〕 因为 $|h-f| \leqslant 0.3$ 厘米，2.5 厘米 $\leqslant h_0 = 3.5$ 厘米 $\leqslant 4$ 厘米，$h_0 \leqslant h = 7$ 厘米 $\leqslant 6h_0 = 21$ 厘米，横开领较大。

所以，可采用驳领松斜度一般计算公式（Ⅱ）和驳领基点的一般定位法。

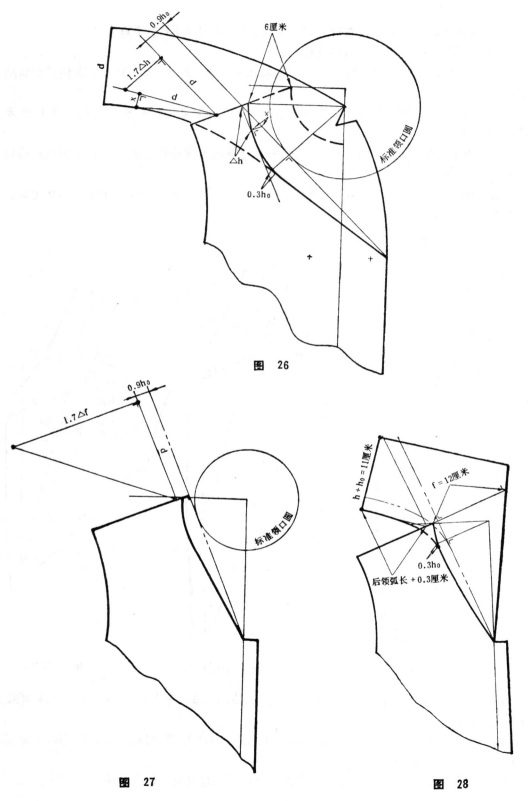

图 26

图 27

图 28

由已知条件,得 $\Delta h = h - h_0 = 3.5$ 厘米,$d = h + h_0 = 10.5$ 厘米。

制图步骤如图 26 所示。

〔例4〕 已知领样为海军领,$h_0 = 2.0$ 厘米,$h = 9$ 厘米,$f = 12$ 厘米,求该领型的结构图。

〔解〕 因为 $|h - f| > 0.3$ 厘米,$h_0 = 2$ 厘米 < 2.5 厘米,$h_0 \leqslant f = 12$ 厘米 $\leqslant 6h_0 = 12$ 厘米。

所以,可采用驳领松斜度一般计算公式(Ⅰ)和驳领基点的一般定位法。

由已知条件,得 $\Delta f = f - h_0 = 10$ 厘米,$b = f + h_0 = 14$ 厘米。

制图步骤如图 27、28 所示。

〔例5〕 已知领样为童中领,$h_0 = 3$ 厘米,$h = 13$ 厘米,$f = 6$ 厘米,求该领型的结构图。

〔解〕 因为 $|h - f| > 0.5$ 厘米,2.5 厘米 $\leqslant h_0 = 3$ 厘米 $\leqslant 4$ 厘米,$h_0 \leqslant f = 6$ 厘米 $\leqslant 6h_0 = 18$ 厘米。

所以,可采用开门领松斜度计算公式(Ⅰ)和开门领基点定位法。

由已知条件,得 $\Delta f = f - h_0 = 3$ 厘米,$b = f + h_0 = 9$ 厘米,$q = 0.7h_0 = 2.1$ 厘米。

制图步骤如图 29 所示。

(二)关门领类

〔例1〕 已知领样为尖方领,$h_0 = 3.5$ 厘米,$h = 4.5$ 厘米,$f = 4.8$ 厘米,求该领型的结构图。

〔解〕 因为 $|h - f| \leqslant 0.3$ 厘米,2.5 厘米 $\leqslant h_0 = 3.5$ 厘米 $\leqslant 4$ 厘米,$h_0 \leqslant h = 4.5$ 厘米 $\leqslant 2.5h_0 = 8.75$ 厘米。

所以,可采用关门领松斜度计算公式(Ⅱ)和关门领基点定位法。

由已知条件,得 $\Delta h = h - h_0 = 1$ 厘米,$d = h + h_0 = 8$ 厘米。

制图步骤如图 30、31 所示。

〔例2〕 已知领样为铜盆领,$h_0 = 3.5$ 厘米,$h = 13.5$ 厘米,$f = 13.3$ 厘米,求该领型的结构图。

〔解〕 因为 $|h - f| \leqslant 0.3$ 厘米,2.5 厘米 $\leqslant h_0 = 3.5$ 厘米 $\leqslant 4$ 厘米,但 $h = 13.5$ 厘米 $> 2.5h_0 = 8.75$ 厘米。

所以,可采用驳领松斜度的一般计算公式(Ⅱ)和关门领基点定位法。

由已知条件,得 $\Delta h = h - h_0 = 10$ 厘米,$d = h + h_0 = 17$ 厘米,

制图步骤如图 32、33 所示。

〔例3〕 已知领样为朝鲜领,$h_0 = 3$ 厘米,$h = 4.3$ 厘米,$f = 4.5$ 厘米,求该领型的结构图。

〔解〕 因为 $|h - f| \leqslant 0.3$ 厘米,直开领明显大于横开领,2.5 厘米 $\leqslant h_0 = 3$ 厘米 $\leqslant 4$ 厘米,$h_0 \leqslant h = 4.3$ 厘米 $\leqslant 2.5h_0 = 7.5$ 厘米。

所以,可采用驳领松斜度的一般计算公式(Ⅱ)和驳领基点一般定位法。

由已知条件,得 $\Delta h = h - h_0 = 1.3$ 厘米,$d = h + h_0 = 7.3$ 厘米。

制图步骤如图 34 所示。

〔例4〕 已知领样为连领脚的中山装领,$h_0 = 3.3$ 厘米,$h = 4$ 厘米,$f = 4.2$ 厘米,求该领型的结构图。

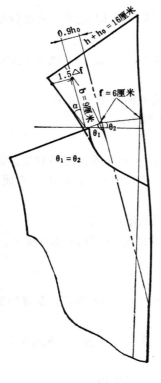

图 29

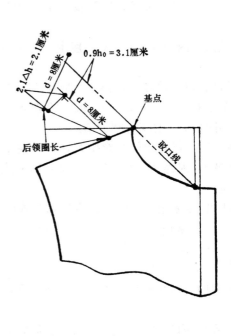

图 30

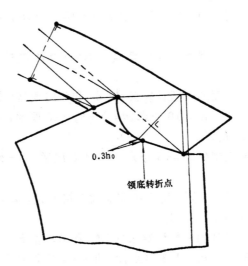

图 31

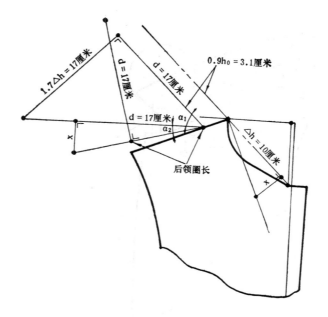

图　32

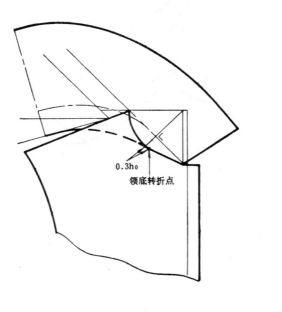

图　33

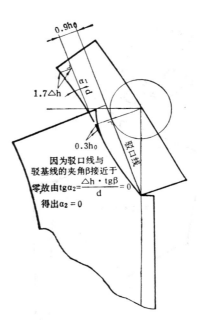

图　34

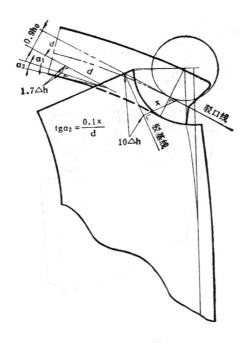

$$tg\alpha_2 = \frac{0.1x}{d}$$

图　35

图　36

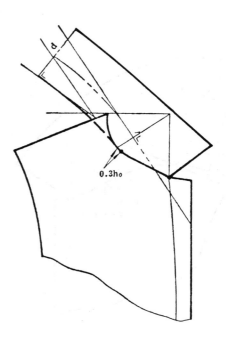

图　37

〔解〕　因为驳口点落在领圈以上2.8厘米的点上,所以,可采用驳领松斜度的一般计算公式和驳领基点的一般定位法。

由已知条件,得 $\Delta h = h - h_0 = 0.7$ 厘米, $d = h + h_0 = 7.3$ 厘米。

制图步骤如图35所示。

(三)开关领类

〔例1〕　已知领样为尖方领, $h_0 = 3.3$ 厘米, $h = 4.5$ 厘米, $f = 4.8$ 厘米,求该领型的结构图。

〔解〕　对于开关领情形,可将开关领的上限驳口线与下限驳口线之间的夹角平分线作为开关领驳口线,其余方面均参照关门领的情形进行结构制图。

因为 $|h - f| \leqslant 0.3$ 厘米, 2.5 厘米 $\leqslant h_0 = 3.3$ 厘米 $\leqslant 4$ 厘米, $h_0 \leqslant h = 4.5$ 厘米 $\leqslant 2.5 h_0 = 8.25$ 厘米。

所以,可采用关门领松斜度计算公式和关门领基点定位法。

由已知条件,得 $\Delta h = h - h_0 = 1.2$ 厘米, $d = h + h_0 = 7.8$ 厘米。

制图步骤如图36、37所示。

六、驳领松斜度计算公式在挖领脚(又称装领脚)驳领中的推广和应用。

挖领脚驳领是指翻领部分和领脚部分在结构制图时断开的一类领型,如图38、39所示。前几部分所讨论的驳领都是连领脚类的。由此所推出的一系列驳领松斜度计算公式也只适用于连领脚驳领。

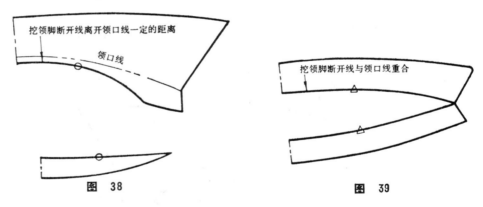

图　38　　　　　　　　　　　　图　39

对于挖领脚驳领,过去一直没有较好的结构制图方法,人们只是采用某些缺乏变化的定数制图法来应付这类领型。

这里,我们向读者介绍一种可靠而又变化较广的挖领脚驳领结构制图法。此法的基本思想是,先求出连领脚驳领的结构图,然后在此基础上按一定的变化法则求出挖领脚驳领结构图。这就要求连领脚驳领的松斜度大小必须是正确的。否则,求出的挖领脚驳领的结构图就不一定可靠。下面结合几个应用实例介绍这种挖领脚驳领的结构制图方法。

〔例1〕　已知领样为挖领脚大岛茂领, $h_0 = 3.7$ 厘米, $h = 5.5$ 厘米, $f = 5.8$ 厘米,求该领型的结构图。

〔解〕　因为 $|h - f| \leqslant 0.3$ 厘米,驳口点在领圈以上,所以,可采用驳领松斜度一般计算公式(Ⅱ)和驳领基点一般定位法。

由已知条件,得 $\Delta h = h - h_0 = 1.8$ 厘米, $d = h + h_0 = 9.2$ 厘米。

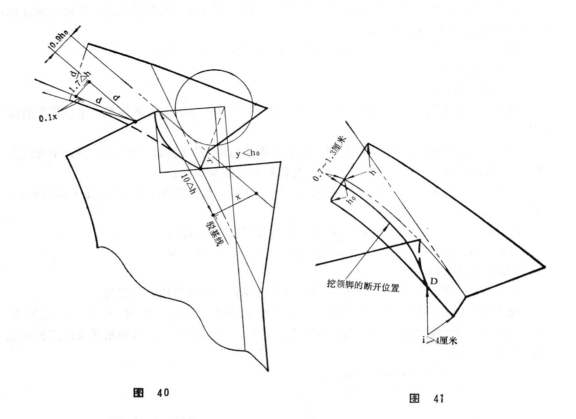

图　40

图　41

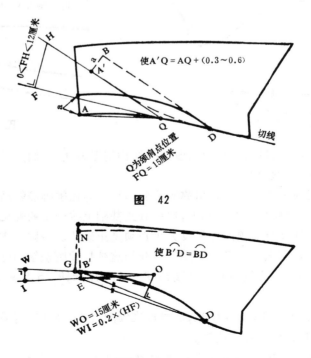

图　42

图　43

制图步骤如下：

（1）先确定连领脚大岛茂领，如图 40 所示。

（2）按图 41 所示的要求定出挖领脚的断开位置。其中，断开线端点离装领端点的长度必须大于或等于 4 厘米。

（3）在领底线上定出 Q 点，使 Q 点与颈肩点处于同一位置，过 Q 点作前段领底线的切线，并向后延长至 F 点，使 $FQ = 15$ 厘米，如图 42 所示。

（4）由 F 点作 FQ 的垂线至 H 点，使 $0 \leqslant FH \leqslant 12$ 厘米。

（5）连结 QH 两点，并在 QH 线上取点 A'，使 $A'Q = AQ + (0.3 \sim 0.6$ 厘米$)$。

（6）由 A' 点作 HQ 的垂直线至 B 点，使 $A'B = h_0 - (0.7 \sim 1.3$ 厘米$) = a$，划顺变形后领脚的领底线和断开线。

（7）在翻领部分的断开线上取 B' 点，使 $\overset{\frown}{B'D} = \overset{\frown}{BD}$，如图 43 所示。

（8）连结 B'、D 两点，作 $B'D$ 的垂直平分线。

（9）由 G 点作领中线的垂直线交 $B'D$ 的垂直平分线于 O 点。

（10）延长 OG 至 W 点，使 $OW = 15$ 厘米。

（11）由 W 点作 OW 的垂直线至 I 点，使 $WI = 0.2 \times (FH)$。

（12）连结 I、O 两点，并在 IO 上取 E 点，使 $DE = DB'$。

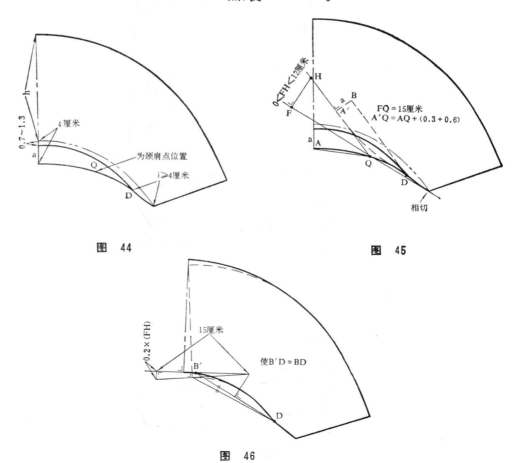

图 44　　　　　　　　　　图 45

图 46

（13）连结 E、O 两点，由 E 点作 EO 的垂直线至 N 点，使 $EN=h+(0.7\sim1.3$ 厘米）。

（14）划顺翻领的领外口线和断开线。注意 E 点部位的断开线要与 EO 相切。

〔例2〕 已知领样为挖领脚关门铜盆领，$h_0=4$ 厘米，$h=20$ 厘米，$f=19.7$ 厘米，求该领型的结构图。

〔解〕 因为 $|h-f|\leqslant0.3$ 厘米，$h_0=4$ 厘米，$h=20$ 厘米 $\geqslant2.5h_0=10$ 厘米。

所以，可采用驳领松斜度的一般计算公式（Ⅱ）和关门领基点定位法。

由已知条件，得 $\varDelta h=h-h_0=16$ 厘米，$d=h+h_0=24$ 厘米。

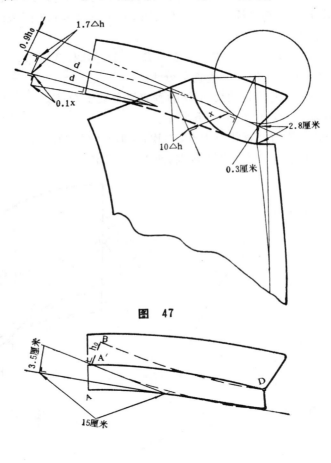

图 47

图 48

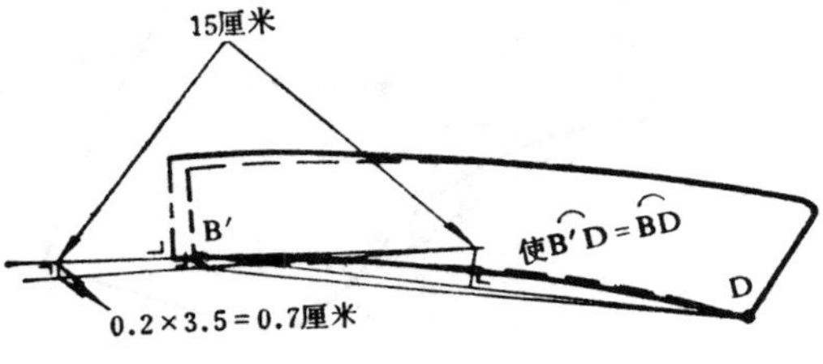

图 49

制图步骤如下：

（1）先求出连领脚关门铜盆领结构图，制图过程略，如图 44 所示。

（2）然后按图 45 所示的制图法则，将领脚变形。

（3）再按图 46 所示的制图法则，将翻领变形。

〔例3〕 已知领样为挖领脚中山装领，$h_0 = 3.4$ 厘米，领脚前端高 $= 2.8$ 厘米，$h = 4$ 厘米，$f = 4.2$ 厘米，翻领前端宽 $= 5$ 厘米，求该领型的结构图。

〔解〕 因为 $|h - f| \leqslant 0.3$ 厘米，驳口点落在领圈以上位置。

所以，可采用驳领松斜度一般计算公式（Ⅱ）和驳领基点一般定位法。

由已知条件，得 $\varDelta h = h - h_0 = 0.6$ 厘米，$d = h + h_0 = 7.4$ 厘米。

制图步骤如下：

〔说明〕 按传统习惯，中山装领的领围尺寸是以领口测量部位确定的，而一般连脚领的领围尺寸是以领底线测量部位确定的。对于后者，不会产生什么问题，因为衣身的领圈是由与其直接装配的领底线的长度（即领围尺寸）来推算确定的。对于前者，将产生这样的问题，一方面，衣身的领圈由领口线的长度（即领围尺寸）推算确定；另一方面，与领圈直接装配的是比领口线长 3 厘米左右的领底线。这种结果使得领底线比领圈长出 3 厘米左右，出现了装配上的严重误差。领脚弯势越大，误差也越大。鉴于此，我们必须按领口线长 +3 厘米，推算横、直开领大。

（1）先求出连领脚中山装领的结构图，如图 47 所示。

（2）然后按图 48 所示的制图法则，将领脚变形。

（3）再按图 49 所示的制图法则，将翻领变形。